Albert Thiele

Wie Manager überzeugen

Albert Thiele

Wie Manager überzeugen

Ein Coaching für Ihre
externe Kommunikation

Frankfurter Allgemeine Buch
IM F.A.Z.-INSTITUT

Bibliografische Information Der Deutschen Bibliothek –
Die Deutsche Bibliothek verzeichnet diese Publikation in der
Deutschen Nationalbibliografie; detaillierte bibliografische
Daten sind im Internet über http://dnb.ddb.de abrufbar.

Albert Thiele

Wie Manager überzeugen

Ein Coaching für Ihre externe Kommunikation

F.A.Z.-Institut für Management-,
Markt- und Medieninformationen GmbH,

Frankfurt am Main 2005

ISBN 3-89981-040-6

Frankfurter Allgemeine Buch
IM F.A.Z.-INSTITUT

Copyright F.A.Z.-Institut für Management-,
Markt- und Medieninformationen GmbH
60326 Frankfurt am Main

Illustration Jörg Mühle
Umschlaggestaltung Rodolfo Fischer Lückert
Satz Umschlag F.A.Z.-Marketing/Grafik
Satz Innen Ernst Bernsmann
Druck Druckerei Steinmeier, Nördlingen
Bindung Oldenbourg Buchmanufaktur, Monheim

Alle Rechte, auch des auszugsweisen Nachdrucks, vorbehalten.

Printed in Germany

Inhalt

Vorwort   7

Einführung   9

I   Grundlagen für einen gelungenen Auftritt

    1   Personalisierung von Botschaften – „You are the message"   24

    2   Kernbotschaften – Was Sie bei Ihren Zuhörern verankern wollen   33

    3   Überzeugen durch Rhetorik – Sicher auftreten, wirkungsvoll sprechen   40

    4   Lampenfieber beherrschen – Wege zur Gelassenheit   57

    5   Überzeugen durch Dialektik – Wie Sie Rede und Gegenrede meistern   64

    6   Zielwirksame Vorbereitung – Ein Muss für Ihre Auftritte   83

II   Best Practices für externe Standardsituationen

    7   Statements – Kernaussage in 30 Sekunden auf den Punkt bringen   94

    8   Stress-Interviews – Wie Sie brisante Fragen souverän beantworten   103

    9   Talkshows und Diskussionsrunden – Vor großem Publikum bestehen   116

10 Pressekonferenzen –
Die wichtigsten Fehlerquellen vermeiden … 130

11 Krisenkommunikation –
Auch bei Gegenwind glaubwürdig bleiben … 136

12 Vortrag und Präsentation –
Wie Sie schwierige Situationen beherrschen … 147

13 Transferhilfen –
Wie Sie Ihre Kommunikation optimieren … 169

III Serviceteil: Übungen, Checklisten und Materialien … 177

Literatur … 213

Abbildungsverzeichnis … 216

Stichwortverzeichnis … 217

Der Autor … 219

Vorwort

„Wie optimiere ich meine Überzeugungsarbeit in der externen Kommunikation?" – diese Frage steht im Zentrum dieses Buches. Es geht um die Schlüsselfähigkeit, wichtige Zielgruppen von Ihrem Unternehmen und Ihren Produkten sowie von Ihren Ideen, Vorstellungen und Strategien zu überzeugen. Günstige Voraussetzungen hierfür sind gegeben, wenn Sie in der Managerkommunikation Persönlichkeitswirkung und Inhalte gekonnt miteinander verknüpfen.

Dabei ist die Erkenntnis leitend, dass Persönlichkeit, Körpersprache und Stimme nachhaltiger auf das Publikum wirken als der verbale Inhalt: Die entscheidenden Faktoren Ihrer Überzeugungskraft sind nämlich Glaubwürdigkeit, Sympathiewert und Einfühlungsvermögen in die Welt der Zuhörer. Hinzu kommen muss natürlich eine zielgruppenorientierte, sachlich fundierte und psychologisch geschickte Argumentation.

Dieser „Coach" bietet Ihnen die Möglichkeit, Ihre Soft Skills für die externe Kommunikation auf den Prüfstand zu stellen. Dies lohnt sich aus verschiedenen Gründen: Die Ansprüche und Erwartungen an dialog- und beziehungsorientierte Auftritte in der Öffentlichkeit sind stetig gewachsen. Darüber hinaus zwingt der Qualitäts- und Verdrängungswettbewerb am Markt dazu, die Strategien für externe Auftritte weiterzuentwickeln. Hinzu kommt, dass misslungene öffentliche Auftritte häufig negative Konsequenzen haben.

Die Empfehlungen dieses Buches erleichtern es Ihnen, Ihre rhetorischen und dialektischen Stärken gezielt weiterzuentwickeln und Lernpotenziale zu erschließen. Dadurch verbessern sich Ihre Chancen,

- Aufmerksamkeit bei den wichtigen Anspruchsgruppen zu erzielen und inhaltliche sowie personelle Botschaften zu verbreiten,
- Image und Bekanntheitsgrad Ihres Unternehmens und Ihrer Produkte zu fördern,
- Ihrem Unternehmen ein „Gesicht" zu geben und
- die eigene Position als Manager zu stärken.

Dieser Ratgeber bündelt Basiswissen und Know-how für Ihre externe Informations- und Überzeugungsarbeit. Im grundlegenden Teil werden die kommunikativen Werkzeuge behandelt, die bei jedem externen Auftritt von Bedeutung sind. Im zweiten, speziellen Teil des Buches geht es um die wichtigsten externen Standardsituationen, in denen Sie als Manager gefordert sind. Im Vordergrund steht dabei der Umgang mit schwierigen Situationen und die Sensibilisierung für mögliche Fallstricke und Risiken.

Als zusätzliche Lernquelle finden Sie im ersten und zweiten Teil Best Practices zur Rhetorik und zum öffentlichen Auftreten renommierter Persönlichkeiten wie Bill Clinton, Ronald Reagan, Helmut Schmidt, Gerhard Schröder oder Alfred Herrhausen.

Dieses Buch wendet sich an alle, die bei den externen Anspruchsgruppen Informations- und Überzeugungsarbeit zu leisten haben. Dazu gehören insbesondere Unternehmer, Geschäftsführer, Führungskräfte, Unternehmenssprecher sowie Manager in den Bereichen Vertrieb, Öffentlichkeitsarbeit und Investor Relations.

Mein besonderer Dank gilt meinen Trainerkollegen, die mich in vielfältiger Weise unterstützt haben. Hervorheben möchte ich zunächst meinen Freund und Kooperationspartner Siegmar Saul, der durch zahlreiche Verbesserungsvorschläge zur Qualitätsoptimierung des Manuskripts wesentlich beigetragen hat. Zu Dank verpflichtet bin ich darüber hinaus meinen Co-Trainern Helmut Rehmsen, Wolf Achim Wiegand und Ulrich Kienzle, mit denen ich gemeinsam Fernseh- und Medientrainings durchführe. Wichtige Praxistipps dieser Medienseminare wie die „Sechs Gebote für Fernsehauftritte" von Ulrich Kienzle oder das Rehmsen-Konzept „Blocken, Überbrücken, Kreuzen" finden Sie in den Kapiteln 9 bis 11.

Für die Lektüre dieses Buches wünsche ich Ihnen viel Freude. Möge es Ihnen gelingen, die externen Anspruchsgruppen für Ihre Kommunikationsziele zu gewinnen, zentrale Botschaften bei ihnen zu verankern und die emotionale Beziehung zu den Zuhörern zu festigen und weiterzuentwickeln.

Düsseldorf, im Januar 2005   Dr. Albert Thiele

Einführung

Externe Kommunikation bietet die Chance, die Aufmerksamkeit der Öffentlichkeit oder bestimmter Zielgruppen auf Ihre Botschaften zu lenken. Sie ermöglicht, Überzeugungsarbeit zu leisten und die Beziehungen zu den abgesprochenen Gruppen nachhaltig zu entwickeln. Professionelle Managerkommunikation leistet auf diese Weise einen wesentlichen Beitrag im Rahmen der gesamten Unternehmenskommunikation. Das Besondere externer Auftritte liegt darin, dass es sich dabei weitgehend um Face-to-Face-Situationen handelt: Die persönliche Präsenz sowie die Nähe zum Zuhörerkreis bieten günstige Voraussetzungen, um Botschaften zu personalisieren. Wer diese Fähigkeit beherrscht, kann durch seinen Auftritt und die Art seiner Interaktion den Themen wie auch dem Unternehmen ein „Gesicht" geben. So wird gleichzeitig bei Meinungsbildnern, Multiplikatoren sowie Kunden Vertrauen und Glaubwürdigkeit aufgebaut.

Diese Herausforderungen setzen anspruchsvolle kommunikative Fähigkeiten voraus, wobei es vorwiegend um Soft Skills geht. Hinzu kommt, dass die Ansprüche und Erwartungen an publikumswirksame Auftritte gewachsen sind: Wer die hierfür erforderlichen Fähigkeiten nicht beherrscht, geht ein großes Risiko ein, wenn er sich beispielsweise den Emotionen kritischer Aktionäre oder „live" den Fangfragen eines Fernsehprofi stellt oder in einer Krise mit aufgebrachten Bürgern diskutiert. Als Manager sind Sie daher gut beraten, auf schwierige Situationen in der externen Kommunikation sorgfältig vorbereitet zu sein.

Die Inhalte dieses grundlegenden Teils:

1	Ziel und Nutzen dieses Buches
2	Konzeption und Aufbau
3	Wie Sie dieses Buch bestmöglich nutzen
4	Die neun Elemente kommunikativen Handelns

1 Nutzen und Aufbau des Buches

Dieses Buch zeigt Ihnen, wie Sie Ihre öffentlichen Auftritte überzeugend und wirkungsvoll gestalten. Der Fokus liegt dabei auf den wichtigsten Standardsituationen – vom Statement und Interview in Funk und Fernsehen bis hin zur Krisenkommunikation und Präsentationen. Sie erhalten das Rüstzeug, um die wichtigen Zielgruppen Ihres Unternehmens differenziert und wirkungsvoll ansprechen zu können.

Die Inhalte richten sich in erster Linie an alle, die in der externen Kommunikation Verantwortung tragen, also insbesondere Unternehmer*, Führungskräfte, Unternehmenssprecher und Spezialisten. Der Ratgeber erleichtert es Ihnen,
- rhetorische und dialektische Stärken gezielt weiterzuentwickeln sowie Verbesserungspotenziale zu erschließen. Auf diese Weise verbessern Sie bei den wichtigen Anspruchsgruppen (siehe Seite 18ff.) Ihre Chancen,
- Aufmerksamkeit zu erzielen, um Ihre inhaltlichen und personellen Botschaften zu verbreiten,
- Image und Bekanntheitsgrad Ihres Unternehmens und Ihrer Produkte zu fördern,
- Vertrauen und Glaubwürdigkeit aufzubauen,
- die Mitarbeiter Ihres Unternehmens zu motivieren und
- Ihre eigene Position als Manager nachhaltig zu stärken.

Folgerichtig steht im Mittelpunkt dieses Buches die Frage, wie Sie Ihre persönliche Überzeugungsarbeit und Ihr Beziehungsmanagement nach außen optimieren und in schwierigen Situationen gelassen, kompetent und glaubwürdig agieren. Da misslungene öffentliche Auftritte für den betreffenden Manager häufig negative Konsequenzen haben, sensibilisiert das Buch auch für mögliche Fallstricke und Risiken in derartigen Situationen.

Der besondere Nutzen dieses Ratgebers:

- Sie erhalten sowohl das Basiswissen als auch das Know-how für die wichtigsten Standardsituationen externer Kommunikation.
- Sie lernen Best Practices zur „Personalisierung von Botschaften" kennen. Referenzbeispiele sind unter anderem von Bill Clinton, Ronald Reagan, Helmut Schmidt und Alfred Herrhausen.

---

* Unabhängig von der männlichen Sprachform sind stets beide Geschlechter gemeint.

- In den Kapiteln „Personalisierung von Botschaften" sowie Statement, Stress-Interview und Talkshow profitieren Sie von den Erfahrungen der Hörfunk- und Fernsehprofis Helmut Rehmsen und Ulrich Kienzle, mit denen ich seit Jahren Teamtrainings durchführe.

2 Konzeption und Aufbau des Buches

<u>Dieses Buch ist ein Leitfaden für die Praxis.</u> Theoretische Ausführungen sind zugunsten umsetzbarer Handlungsempfehlungen auf ein Mindestmaß beschränkt worden. Die Übersicht auf Seite 12 zeigt den konzeptionellen Bezugsrahmen.

Im grundlegenden Teil werden Voraussetzungen für die optimale Bewältigung externer Überzeugungsarbeit behandelt. Hierbei stehen allgemeine Empfehlungen im Mittelpunkt, die Sie im Regelfall bei allen externen Auftritten anwenden können. In Teil II des Buches geht es um die wichtigsten externen <u>Standardsituationen, in</u> denen Sie als Manager Informations- und Überzeugungsarbeit zu leisten haben. Die abschließenden Teile „Transfer" und „Service" befassen sich mit der erfolgreichen Anwendung des vermittelten Know-hows im Alltag.

Zur besseren Orientierung zunächst einige Erläuterungen zu den einzelnen Kapiteln:

I Grundlagen für überzeugende Auftritte

Kapitel 1 behandelt die Frage, wie Sie Ihre Botschaften personalisieren und dabei die Wirkkräfte Ihrer Persönlichkeit geschickt einbeziehen können. Kapitel 2 erklärt, wie Sie Kernbotschaften entwickeln und mit den Vorgaben Ihrer Unternehmenskommunikation verknüpfen.

Die anschließenden Kapitel 3 und 4 sensibilisieren für die rhetorischen Voraussetzungen externer Überzeugungsarbeit: Sie erfahren im dritten Kapitel, wie Sie Ihre Körpersprache und Ihre Stimme authentisch und wirkungsvoll einsetzen sowie Kontakt zum Zuhörerkreis halten. Wie Sie Lampenfieber und Stress bei Ihren Auftritten in den Griff bekommen und gelassen bleiben, ist im vierten Kapitel dargestellt.

Neben rhetorischem Geschick sind in der externen Kommunikation auch dialektische Fähigkeiten gefordert. Kapitel 5 behandelt spezielle Empfeh-

Konzeption und Aufbau des Buches

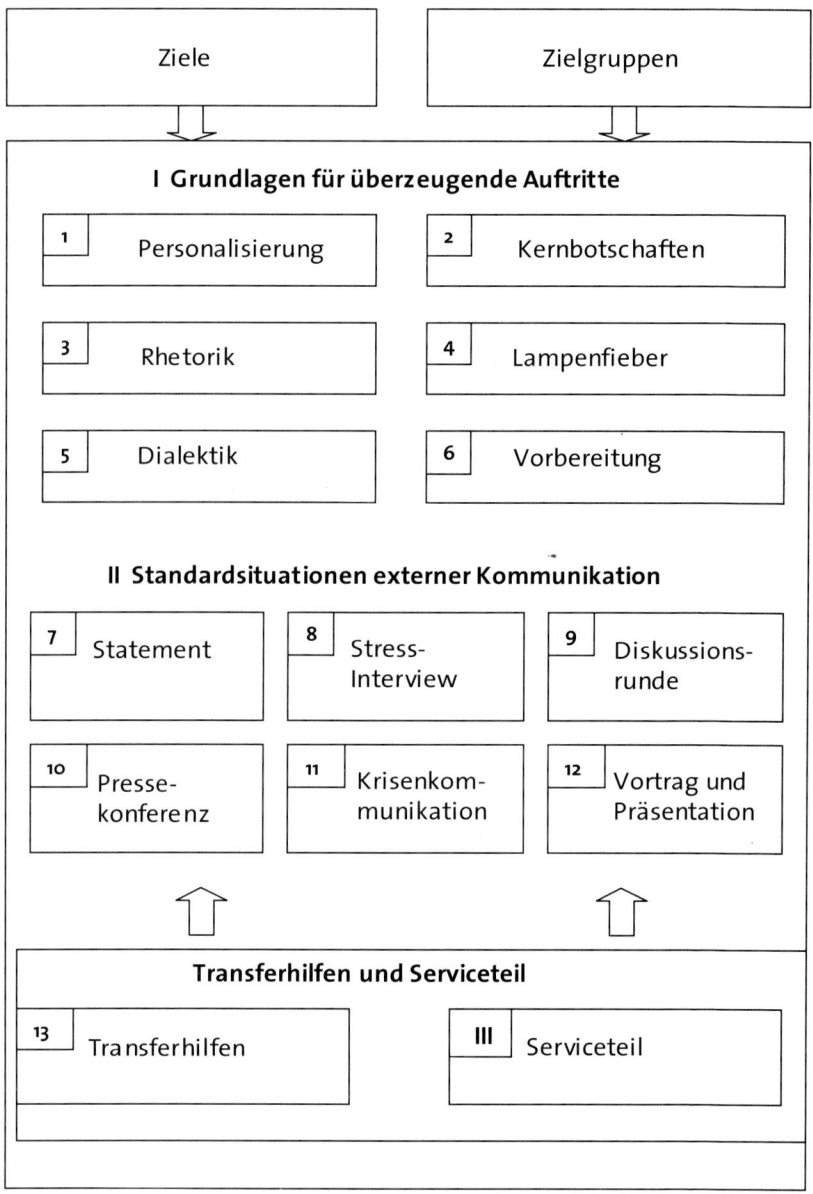

lungen für den Umgang mit sachlichen Einwänden. Darüber hinaus erfahren Sie, wie Sie unfaire Angriffe gelassen neutralisieren und gleichzeitig den Dialog aufrechterhalten. Außerdem erhalten Sie Anregungen zur Förderung Ihrer Schlagfertigkeit.

Kapitel 6 beschäftigt sich mit der Vorbereitung auf externe Auftritte. Es zeigt Ihnen, wie Sie Ihre Kernbotschaften zuhörer- und zielorientiert gestalten und wie Sie sich auf schwierige Situationen am besten einstellen.

II Standardsituationen externer Kommunikation

Der zweite Teil des Buches ist den wichtigsten Standardsituationen für externe Managerkommunikation gewidmet. Prinzipiell können Sie über alle sechs Standardsituationen in Kontakt mit den unten erläuterten Anspruchsgruppen kommen (siehe Seite 18ff.).

Die Kapitel 7 bis 13 behandeln drei Szenarien, die bei Auftritten in Funk und Fernsehen von Bedeutung sind:
- Statements in 30 Sekunden auf den Punkt bringen (Kapitel 7),
- in Stress-Interviews gelassen und souverän bleiben (Kapitel 8),
- schwierige Situationen in Diskussionsrunden vor Publikum beherrschen (Kapitel 9).

Kapitel 10 sensibilisiert für häufige Fehlerquellen bei Pressekonferenzen und zeigt Ihnen, wie Sie diese Klippen umschiffen können. Eine ergänzende Checkliste für die Vorbereitung von Pressekonferenzen finden Sie im Anhang.

Thema des Kapitels 11 ist die Krisenkommunikation. Hier lesen Sie, wie wichtig eine (präventive) längerfristige und vertrauensvolle Kommunikation zu den Bezugsgruppen des Unternehmens ist. Darüber hinaus wird anhand eines konkreten Notfallszenarios gezeigt, was als Krisenmanager bei Statements und in Stress-Interviews zu beachten ist.

In Kapitel 12 geht es um das Thema „Vortrag und Präsentation", zweifellos ein unverzichtbares und chancenträchtiges Werkzeug externer Kommunikation. Im Mittelpunkt stehen handfeste Ratschläge für besonders schwierige Situationen, zum Beispiel wie Sie Langeweile und Desinteresse der Zuhörer beim Fachvortrag vermeiden.

Das abschließende Kapitel 13 zeigt Ihnen, wie Sie günstige Voraussetzungen für die erfolgreiche Anwendung relevanter Praxistipps schaffen können.

III Serviceteil: Übungen, Checklisten und Materialien

Im Serviceteil schließlich finden Sie Übungen, Checklisten und Materialien, die den Transfer zusätzlich unterstützen.

3 Wie Sie dieses Buch bestmöglich nutzen

In diesem Ratgeber finden Sie Werkzeuge für die Qualitätsverbesserung Ihrer Managerauftritte. Beim Durcharbeiten ist letztlich entscheidend, dass Sie relevante Anregungen in Ihre Kommunikationspraxis umsetzen. Die folgenden Arbeitshinweise helfen Ihnen, jene Praxistipps und Inhalte rasch herauszufinden, die zu Ihren Anwendungssituationen passen:

- Aufgrund der modularen Struktur des Buches können Sie sich bei Bedarf ein einzelnes Kapitel ohne Rücksicht auf die Reihenfolge herausgreifen und durcharbeiten.
- Stichwortverzeichnis, Gliederungshilfen zu Anfang der Kapitel sowie Checklisten mit Querverweisen zum Text erleichtern den schnellen Zugriff auf Themen Ihres Interesses.
- Denken Sie bereits während des Lesens daran, interessante Tipps und Anregungen herauszuschreiben und gegebenenfalls einen Anwendungsplan (siehe Seite 172) zu erstellen.
- Machen Sie sich zu Anfang Ihre Leseziele und Ihren Lernbedarf bewusst. Nutzen Sie hierfür den folgenden Fragenkatalog. Er hilft Ihnen, Ihre aktuellen Stärken und Verbesserungspotenziale zu erkennen:

Wie schätzen Sie die Qualität Ihrer externen Kommunikation ein?

- Wo vermuten Sie Verbesserungspotenzial bei Ihren externen Auftritten (bei Statements, Stress-Interviews, in Diskussionsrunden, in Pressekonferenzen, in der Krisenkommunikation, bei Vortrag und Präsentation)?
- Wie schätzen Sie Ihre Wirkung bei Auftritten vor fremdem Publikum ein? Wer gibt Ihnen hierzu ehrliches und offenes Feedback?

- Welches Optimierungspotenzial vermuten Sie in den Bereichen Rhetorik und Dialektik?
- Inwieweit gelingt es Ihnen, Ihre Kernbotschaften kurz, prägnant und verständlich „rüberzubringen"?
- Wie beurteilen Sie Ihre Fähigkeit, mit Einwänden, Kritik und schwierigen Fragen umzugehen?
- Inwieweit halten Sie sich für schlagfertig?
- Gelingt es Ihnen, Zuhörer beim Vortrag zu fesseln und insbesondere fachliche Inhalte motivierend und kurzweilig zu vermitteln?
- Welche zwei oder drei wichtigen Ziele möchten Sie mit diesem Buch realisieren?
- Wen halten Sie für rhetorisch und dialektisch brillant und warum? Notieren Sie drei Namen (aus Politik, Wirtschaft, Medien ...) und begründen Sie Ihre Wahl.

Suchen Sie sich aus den Anregungen dieses Buches jene heraus, die zu Ihrer Persönlichkeit passen und die in Ihren konkreten Szenarien den größten Erfolg versprechen. Ihre große Chance: Sie können sofort damit beginnen, die eine oder andere Empfehlung zu erproben.

Bedenken Sie bitte bei der Weiterentwicklung Ihrer kommunikativen Fähigkeiten: Das Know-how ist lediglich ein erster Schritt. Hinzu kommen muss nachhaltiges und gezieltes Training. Dies kann durch nichts ersetzt werden. Auch Menschen mit großer Begabung müssen den Umgang etwa mit dem Tennisball oder einem Musikinstrument intensiv trainieren.

4 Die Elemente kommunikativen Handelns

„Wie Manager in der externen Kommunikation überzeugen", lautet die zentrale Frage dieses Buches. Behandelt werden Erfolg versprechende Werkzeuge für Ihre externen Auftritte. In den folgenden Ausführungen und Empfehlungen werden einige Grundbegriffe immer wieder verwendet, die zum besseren Verständnis präzisiert werden.

Gleichzeitig wird verdeutlicht, dass Managerauftritte nicht isoliert zu sehen sind, sondern als integriertes Element der unternehmerischen Kommunikationspolitik: Jeder Manager hat gewisse Vorgaben (Positionierungen, übergreifende Ziele, Sprachregelungen und Kernbotschaften) zu berücksichtigen, die sich aus der gesamten Kommunikationsstrategie ableiten.

Auch wenn die Anlässe für externe Managerauftritte recht unterschiedlich sind, lassen sich Gemeinsamkeiten erkennen, die formal in allen kommunikativen Situationen auftreten. Mit Hilfe des folgenden Denkschemas* (vgl. Paradigma der Kommunikation nach Meffert 2000) lässt sich das kommunikative Handeln eines Managers übersichtlich strukturieren:

1. *Wer* (Unternehmer, Manager, Pressesprecher …)
2. *sagt was* (Inhalte, Botschaften)
3. *unter welchen Bedingungen* (Ausgangssituation: Veränderung im Unternehmen, neues Produkt, neues Gesetz, Kampagne, politische Entwicklung, Krise …)
4. *in welcher Form* (Art und Weise des Auftritts, des Vortrags, der Argumentation usw.)
5. *in welchen Standardsituationen* (Funk- und Fernsehen, Pressekonferenz, Präsentation, Diskussionsrunde …)
6. *zu wem* (Zielgruppen, Zielperson …)
7. *unter Anwendung welcher Abstimmungsmechanismen* (Verzahnung mit den übrigen Instrumenten der unternehmerischen Kommunikationspolitik)
8. *mit welchem Ziel* (Image verbessern, Bekanntheit vergrößern, höhere Kundenbindung, Vertrauen stärken, höhere Kaufbereitschaft …)
9. *mit welchen Wirkungen* (Kommunikationserfolg)?

Zunächst werden zwei dieser Faktoren präzisiert, die zwingend notwendig sind, wenn Sie bei bestimmten Anlässen bestimmte Botschaften vermitteln wollen: Sie benötigen Ziele und eine Zielgruppe für Ihre Kommunikation. Die übrigen Gesichtspunkte werden später** behandelt.

Ziele – „Wozu" kommunizieren?

Wer eine externe Präsentation plant, eine Pressekonferenz durchführt oder an einer Diskussionsrunde vor Publikum teilnimmt, sollte sich vorab

---

* Dieses Denkschema findet sich in vereinfachter Form in der berühmten Lasswellformel „WHO says WHAT in WHICH channel to WHOM with WHAT effect?" (H.D. Lasswell 1948) sowie in den sechs „W" des Journalismus: Wer-Was-Wann-Wo-Wie-Warum?
** Zum Thema „Botschaften" siehe Kapitel 2, zum Thema „Form des Auftritts" insbesondere Kapitel 1 und 3, zu den Standardsituationen Kapitel 7 bis 12.

Gedanken darüber machen, was er mit seinem Auftritt beabsichtigt. Hierbei ist die Frage zu klären, welche Wirkungen Sie beim Zuhörer erreichen wollen. Durch definierte Kommunikationsziele haben Sie leitende Kriterien zum einen für Vorbereitung, Durchführung und Kontrolle Ihres Auftritts und zum anderen für die Auswahl der Kernbotschaften, die Sie Ihren Zielgruppen vermitteln wollen.

Prinzipiell lassen sich ökonomische und psychologische Ziele unterscheiden. Zu den ökonomischen Zielinhalten gehören wirtschaftliche Größen wie etwa Gewinn, Umsatz, Kosten oder Marktanteil. Da sich aber der Effekt einer kommunikativen Maßnahme nicht eindeutig quantifizieren lässt, ist es ratsam, psychologische Ziele* mindestens gleichrangig zu behandeln. Die folgenden Ziele sind Grobziele, die im Hinblick auf das jeweilige Thema und die unten erläuterten Anspruchsgruppen zu präzisieren sind.

Weitere Anregungen für die Formulierung und Strukturierung von Kommunikationszielen erhalten Sie, wenn Sie sich die Bedeutung und Funktionen der Öffentlichkeitsarbeit vor Augen führen (siehe Kasten).

Definiert man „Public Relations" weit gefasst, so fällt darunter auch die bewusste und zielgerichtete Gestaltung der Beziehungen zwischen einem

---

Beispiele für Kommunikationsziele

- Positionierung des eigenen Unternehmens am Markt verdeutlichen
- Produkte oder Produktmerkmale für die Zielgruppe attraktiv darstellen
- Produkte und Produktmerkmale gegenüber konkurrierenden Angeboten abgrenzen, sodass sie von den Käufern vorgezogen werden
- Schlüsselinformationen zu den diskutierten Themen vermitteln
- Marken- und Firmenbekanntheit fördern und eine positive Einstellung zum Unternehmen aufbauen
- Vertrauen und Glaubwürdigkeit fördern
- Gesellschafts- und sozialbezogene Unternehmensleistungen aufzeigen und Verantwortungsbewusstsein auch für nicht ökonomische Themen verdeutlichen

---

* In psychologischer Hinsicht gibt es Ziele mit kognitivem (Fokus auf Informationen), affektivem (Fokus auf Einstellungen und Emotionen) und konativem Aspekt (Fokus auf Verhaltensänderung).

Unternehmen und seinen relevanten Anspruchsgruppen (Kunden, Aktionäre, Lieferanten, Mitarbeitern ...) mit dem Ziel, bei diesen Gruppen Vertrauen, Glaubwürdigkeit und Verständnis zu gewinnen oder aufzubauen. Diese Aktivitäten schaffen den Rahmen, um eine Wettbewerbsprofilierung am Markt überhaupt erst möglich zu machen. Die folgende Zusammenstellung wichtiger PR-Funktionen gibt zusätzliche Anhaltspunkte zur Formulierung und Strukturierung entsprechender Ziele (vgl. Meffert 2000):

> **Wichtige PR-Funktionen auf einen Blick**
>
> - *Informationsfunktion:* Vermittlung von Informationen nach innen und außen (Öffentlichkeit)
> - *Kontaktfunktion:* Aufbau und Aufrechterhaltung von Verbindungen zu allen für das Unternehmen relevanten Gruppen
> - *Imagefunktion:* Aufbau, Änderung und Pflege des Vorstellungsbildes vom Unternehmen
> - *Absatzförderungsfunktion:* Anerkennung und Vertrauen in der Öffentlichkeit für den Verkauf
> - *Stabilisierungsfunktion:* Erhöhung der Standfestigkeit des Unternehmens in kritischen Situationen aufgrund der stabilen Beziehungen zu den Teilöffentlichkeiten
> - *Kontinuitätsfunktion:* Bewahrung eines einheitlichen Stils des Unternehmensverhaltens nach innen und außen
> - *Sozialfunktion:* Aufzeigen der gesellschafts- und sozialbezogenen Unternehmensleistungen
> - *Balancefunktion:* Auspendeln des Anreiz-Beitrags-Gleichgewichts der verschiedenen Anspruchsgruppen

Zielgruppen – „Mit wem" kommunizieren?

Externe Managerauftritte richten sich stets an bestimmte Zielgruppen im Umfeld des Unternehmens. Dazu gehören Kunden, Journalisten und Aktionäre genauso wie die breite Öffentlichkeit. Eine Daueraufgabe der Kommunikationspolitik besteht darin, zu diesen Anspruchsgruppen immer wieder aufs Neue Beziehungen herzustellen, zu festigen und weiterzuentwickeln. Welche Adressaten für die Managerkommunikation im Einzelnen infrage kommen, lässt sich anhand des in Abbildung 1 dargestellten Stakeholder-Kompasses (Kirf/Rolke 2002) gut veranschaulichen. Demnach können Manager also in vier Richtungen Informations- und Überzeugungsarbeit leisten.

In der Managerkommunikation kommt es allgemein darauf an, den besonderen Erwartungen der verschiedenen Zielgruppen Rechnung zu tragen und die auf den ersten Blick widerstrebenden Interessenlagen auszubalancieren. Dabei geht es stets darum, die Qualitätswahrnehmung der Zielgruppen positiv zu beeinflussen und ihr Vertrauen zu stärken. Welche argumentativen Herausforderungen Führungskräfte dabei zu bewältigen haben, lässt sich exemplarisch anhand folgender Grobziele veranschaulichen (vgl. Kirf/Rolke 2002):
- Bei der Zielgruppe der Kunden geht es vorrangig darum, sicherzustellen, dass sie die Leistungsfähigkeit eines Unternehmens und seiner Marken wahrnehmen. Darüber hinaus muss die Kommunikation darauf gerichtet sein, Beziehung und Interaktion zu den Kunden Gewinn bringend zu entwickeln. Außerdem soll sie die Bedürfnisse und Erwartungen des Kunden in Einklang zu bringen mit dem Mitarbeiter- und Organisationsverhalten.
- Die Kommunikation gegenüber den Geldgebern (Finanz-Community) ist vor allem darauf gerichtet, deren Vertrauen in die unternehmerische Strategie zu vermitteln. Es gilt, glaubhaft und kompetent darzustellen, warum eine hinreichende Chance auf Gewinnerzielung und Return on Investment besteht. Deshalb wird es zunehmend zur Chefsache, im Rahmen der Investor Relations (IR) die Aufmerksamkeit (potenzieller) Investoren auf sich zu ziehen und von seinen Aktien zu überzeugen (vgl. Kirchhoff 2001). In der Anlage (siehe Seite 209) finden Sie eine Auflistung finanzwirtschaftlicher und kommunikationspolitischer Ziele der IR im Überblick.
- Die externe Überzeugungsarbeit in der breiten Öffentlichkeit und bei deren Repräsentanten muss aufzeigen, dass die wirtschaftlichen Aktivitäten des Unternehmens nicht im Widerspruch stehen zu Gemeinwohlinteressen (sichere Arbeitsplätze, ausreichende Ausbildungsplätze, Umwelt, Gesundheit usw.). Beispiele:
1. Führungskräfte der Siemens AG hatten im Juni 2004 zu erklären, warum die 40-Stunden-Woche ohne Lohnausgleich notwendig ist, um die Arbeitsplätze an bestimmten Standorten für zwei Jahre zu sichern.
2. Führungskräfte haben den vermeintlichen Widerspruch zu erklären, dass Kündigungen häufig den Aktienkurs nach oben treiben und das Börsenklima fördern, während gleichzeitig der Abbau von Arbeitsplätzen gerade für die betroffenen älteren Arbeitnehmer schlimme Folgen haben kann.
- Einen hohen Stellenwert haben dialektische Fähigkeiten bei Veränderungsprozessen (vgl. Pfannenberg 2003) und in Krisensituationen. Hier haben die beteiligten Führungskräfte eine besondere Verantwortung,

- um zu verhindern, dass Mitarbeiter die notwendigen Veränderungen und Umstrukturierungen blockieren,
- um die Bindungen zu Kunden und Handel zu stabilisieren und, falls notwendig, davon zu überzeugen, dass die neue Unternehmensstruktur Vorteile für die Zusammenarbeit mit sich bringt,
- um die Unterstützung der Aktionäre und der Financial Community für die neuen Strategien zu sichern,
- um Akzeptanz in der Öffentlichkeit, im politischen Bereich und bei relevanten Behörden aufzubauen.

Zwei Hinweise

Als Adressaten externer Kommunikation kommen also recht unterschiedliche Zielgruppen infrage. Aus Gründen besserer Lesbarkeit verwende ich im grundlegenden Teil des Buches vorrangig den Begriff „Zuhörer" (gleichbedeutend mit Zielgruppe, Publikum). Dies ist sinnvoll, weil die behandelten Querschnittstechniken für alle Standardsituationen gelten. Im speziellen Teil hingegen finden Sie die jeweiligen situationsgerechten Ausdrücke für den Adressaten (zum Beispiel „Kunde", „Journalist", „Aktionär" oder „Öffentlichkeit").

Wenn Sie bereits Publikationen von mir gelesen haben, mögen Ihnen einige der grundlegenden Kommunikationstechniken bekannt vorkommen. Dies liegt darin begründet, dass es sich um Basistechniken handelt, die für den Erfolg externer Auftritte genauso notwendig sind wie in der internen Kommunikation.

I

Grundlagen für einen
gelungenen Auftritt

1 Personalisierung von Botschaften „You are the message"

> Wir müssen das, was wir denken, sagen.
> Wir müssen das, was wir sagen, tun.
> Und wir müssen das, was wir tun, dann auch sein.
>
> Alfred Herrhausen

In diesem Kapitel erfahren Sie,

1. was „Personalisierung" bedeutet,
2. wovon die Überzeugungswirkung abhängt.

Die mediale Ausstrahlung von Bill Clinton und Ronald Reagan, aber auch von Joschka Fischer und Gerhard Schröder ist unbestritten. Sie ist der beste Beweis für die erste Grundregel publikumswirksamer Auftritte: Der Mensch ist wichtiger als Worte. Beim Duell John F. Kennedy gegen Richard Nixon kam Nixon 1960 unrasiert und bleich zum Zweikampf. Er wirkte mürrisch und verbissen. Der jüngere Herausforderer hingegen kam sympathisch, glaubwürdig und gelassen über den Sender – und gewann am Ende die Wahl. Wer sich also vor Publikum präsentiert, muss wissen: Die Gesamtwirkung der Persönlichkeit ist nachhaltiger als der verbale Inhalt. Und noch weiter: Je weniger die Zuschauer die Argumente nachvollziehen können, umso wichtiger wird die emotionale Ausstrahlung und das äußere Erscheinungsbild. In der Managerkommunikation kommt es also darauf an, Persönlichkeitswirkung und Inhalte zu verknüpfen: Man muss eine Botschaft personalisieren.

1 Was bedeutet „Personalisierung"?

Wenn Sie eine „Bühne" betreten, geben Sie stets eine Kostprobe Ihrer Persönlichkeit. Persönlichkeit kommt vom Lateinischen „personare" und bedeutet „durchtönen". Durch Ihr Erscheinungsbild, Ihre Stimme, Ihre Körpersprache und durch den Stil Ihrer Interaktion zeigen Sie „unterschwellig", welche Einstellung Sie zu sich selbst, zum Thema und zu den Zuhörern haben. Manager und Sprecher hinter dem Mikrofon geben ihrem

Unternehmen ein Gesicht. Jürgen Schrempp ist DaimlerChrysler, Heinrich von Pierer ist Siemens und Bill Gates ist Microsoft.

Zu Recht sagen amerikanische Berater den Spitzenkandidaten, die in den Medien oder auf Parteitagen den Wählern ihre Politik vermitteln wollen: „You are the message." Der Mensch, der spricht, ist die Botschaft.

Personalisierung kommt einem Wunsch des Publikums entgegen: Es möchte emotionale Ansprache und interessiert sich für Führungspersönlichkeiten, die an der Spitze eines Unternehmens stehen. Dabei ist es besonders reizvoll, die jeweilige Person „live" zu erleben – vielleicht sogar in überraschenden oder schwierigen Situationen: Wenn Siemens-Chef von Pierer vor eigenen Mitarbeitern eine mögliche Produktionsverlagerung ins Ausland begründet, wenn Gerhard Schröder zu einer dramatischen Wahlschlappe im Fernsehen Stellung nimmt oder wenn Jürgen Schrempp vor Aktionären die Verluste beim Allianzpartner Mitsubishi Motors kommentiert.

Der Trend zur Personalisierung hat auch damit zu tun, dass es heute ohne ein gewisses Maß an Selbstinszenierung kaum möglich ist, Aufmerksamkeit zu gewinnen: Und dies ist eine notwendige Voraussetzung dafür, Überlegungen und Botschaften an ein breites Publikum heranzutragen. Die Personalisierung entspricht, wie Peter Radunski (2002) zu Recht betont, dem Trend zum Bild in den Medien, dem sich selbst seriöse Meinungsblätter auch nicht mehr verschließen. Das Fernsehen lebt davon, durch Personalisierung die notwendige Visualisierung zu erhalten. Seit Reagans HPS-Präsidentschaft (= Headline-Picture-Story) haben alle Strategien des öffentlichen Auftretens an Bilder, Symbole und Inszenierungen angeknüpft. Die Kampagnen von Mitterand, Chirac, Thatcher, Blair, Clinton, Bush und Schröder sind eine Fundgrube von Personalisierungsformen, die auch auf die Unternehmenskommunikation übertragen werden können.

Bilder wirken schneller als Worte. Sie sind „schnelle Schüsse ins Gehirn" (Kroeber-Riel 1993). Worte dagegen werden erst verstanden, wenn sie decodiert sind. Im Fernsehzeitalter ist dies ein wichtiges Argument, auf Personalisierung und unterstützende Visualisierung zu setzen, und zwar in allen Standardsituationen externer Kommunikation.

2 Wie Sie Ihre persönliche Überzeugungswirkung fördern

Wenn Sie Überzeugungsarbeit leisten, geht es darum, eine oder mehrere Personen zur Annahme Ihrer Ideen, Vorstellungen oder Ihres Standpunktes zu bewegen. Diese Ziele können Sie durch Ihr Auftreten und Ihre Persönlichkeit (Aspekt der „Personalisierung") sowie durch eine zielgruppenorientierte, sachlich fundierte und psychologisch geschickte Argumentation erreichen.

Die folgenden Ausführungen geben Ihnen Gelegenheit, die persönlichkeitsbezogenen Faktoren zu durchdenken, die Ihre Wirkung in Überzeugungssituationen beeinflussen. Abbildung 2 zeigt die Wirkfaktoren der Persönlichkeit auf einen Blick.

Glaubwürdigkeit

Sie schaffen eine wichtige Voraussetzung für Glaubwürdigkeit aus Zuhörersicht, wenn Sie sich treu bleiben. Ein glaubwürdiges Auftreten hat verschiedene Dimensionen: Zum einen ist es wichtig, dass Ihre Körpersprache zum gesprochenen Inhalt passt. Wenn Sie also für ein Ziel motivieren wollen, sollte durch Ihr Engagement und Ihre Dynamik in Körpersprache und Stimme erkennbar sein, dass Ihnen das Thema am Herzen liegt und dass

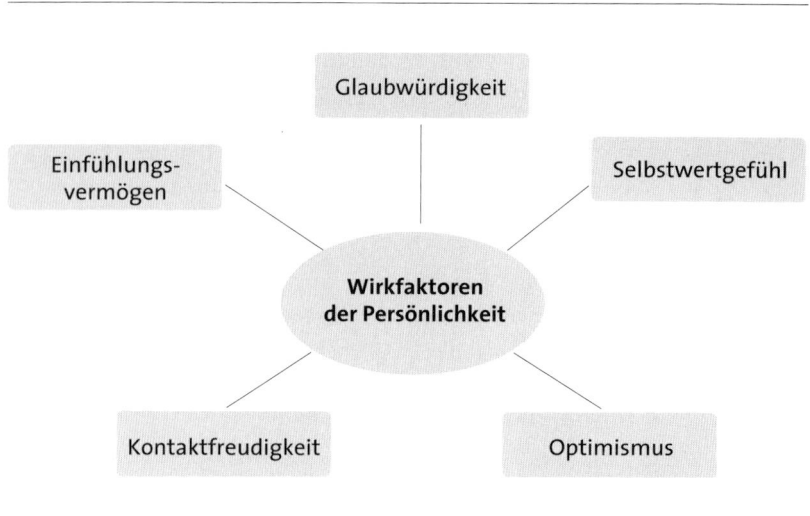

Abbildung 2: Wirkfaktoren der Persönlichkeit

Sie selbst an Ihre Idee glauben. Es kommt also auf die Stimmigkeit (Kongruenz) des verbalen und nonverbalen Verhaltens an.

Zur Glaubwürdigkeit gehört neben einem erkennbaren Engagement für die Sache vor allem die wahrgenommene Einheit von Wort und Handeln. Das heißt beispielsweise, das zu tun, was man angekündigt hat. Es beinhaltet auch den Mut, Unpopuläres zu sagen und unbeliebte Entscheidungen im Dienste der richtigen Sache durchzusetzen und, wenn es sein muss, auch im Antipathiefeld (wenn Sie nur von Kritikern umgeben sind) Flagge zu zeigen. Natürlich kommt es zusätzlich Ihrer Glaubwürdigkeit zugute, wenn erkennbar wird, dass Sie sich sorgfältig vorbereitet haben, den Sachstand überblicken und Aspekte sowie Bewertungsmaßstäbe der Gesellschaft in Ihre Urteilsbildung einbezogen haben.

Alfred Herrhausen* zur Frage persönlicher Glaubwürdigkeit

„... Natürlich kann ich verstehen, dass man meinen Worten misstraut. Es ist nicht eine Frage der Worte, sondern es ist eine Frage der Glaubwürdigkeit der Person, die Worte sagt ... Wenn man sich bemüht, das zu sagen, was man denkt, und wenn man sich bemüht, das zu tun, was man sagt, und dann auch das zu sein, was man tut, dann glaube ich, hat man eine Chance, glaubwürdig zu werden. Und dann müsste damit – mit dieser Glaubwürdigkeit – auch das Misstrauen in das, was man sagt, verschwinden. Das ist ein Prozess, den können Sie nicht von Sonntag auf Montag erledigen. Das ist ein langfristiges Bemühen. Und diesem Bemühen müssen wir alle uns unterziehen. Das versuche ich auch."

* Alfred Herrhausen zu Gero von Böhm im Südwestfunk 1989 während des ersten und letzten großen Fernsehinterviews kurz vor seiner Ermordung

Selbstwertgefühl

Der Dreh- und Angelpunkt zu sicherem, gelassenen Auftreten und somit überzeugender Argumentation liegt nicht so sehr in der mechanischen Anwendung rhetorischer (äußerer) Techniken, so wichtig diese auch sind. Viel wichtiger ist jedoch eine positive Einstellung zur eigenen Person, zum Thema und zum Gegenüber.

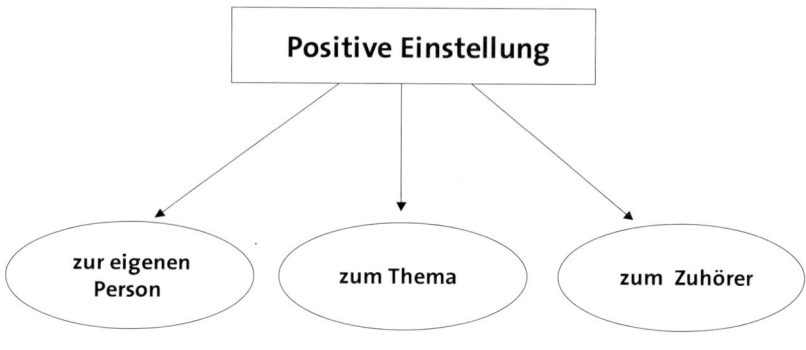

Abbildung 3: Die Voraussetzung für positive Ausstrahlung

Im Folgenden erhalten Sie Anregungen, wie Sie Ängste und negative „innere Dialoge" überwinden und zum anderen Selbstvertrauen und Gelassenheit fördern können.

Positive Einstellung zur eigenen Person

Wie denken Sie über sich selbst, wenn Sie Vorträge halten, interviewt werden oder an Diskussionsrunden teilnehmen? Haben Sie Vertrauen in Ihre fachlichen und in Ihre kommunikativen Fähigkeiten? Wenn nein, warum nicht? Wenn Sie vor einem Auftritt Selbstgespräche (innere Dialoge) führen, worum kreisen dabei Ihre Gedanken? Sind es eher Risiken, mögliche Ablehnung, Angst vor Kritik, oder denken Sie vorrangig an Chancen, die Stärke Ihrer Argumente und Ihre kommunikativen Fähigkeiten?

Um erfolgsmotiviert zu wirken, sollten Sie eine positive Meinung von sich selbst entwickeln. Wenn Sie sich selbst nicht akzeptieren, können Sie nicht erwarten, dass andere dies tun! Nur ein Mensch, der Selbstvertrauen hat, kann das Vertrauen anderer erwerben.

Positive Einstellung zum Thema

Ihre Zuhörer müssen spüren, dass Sie eine positive Einstellung zum diskutierten Thema haben. Wenn Sie selbst nicht hinter Ihren Kernbotschaften und den vermittelten Inhalten stehen, können Sie nicht erwarten, dass Ihr Publikum Ihre Ausführungen akzeptiert. Es gibt allerdings Situationen, in denen es schwer fällt, Selbstüberzeugung zu zeigen. Beispielsweise dann, wenn Sie von bestimmten Schwachstellen Ihrer Problemlösung wissen, dies aber in der externen Kommunikation nicht offen sagen können. In diesem Falle hilft das Prinzip der selektiven Wahrheit: Du musst nicht alles sagen – was du jedoch sagt, muss wahr sein.

Positive Einstellung zum Zuhörer

Zeigen Sie durch Ihr Auftreten und Ihre rhetorische Darstellung, dass Ihre Beziehung zum Gegenüber auf gleicher Augenhöhe stattfindet. Günstig ist grundsätzlich ein partnerschaftliches, wertschätzendes Verhalten.

Denken Sie positiv über Ihre Zuhörer. Dies ist die beste Voraussetzung für Ihre Überzeugungsarbeit und für den Abbau von Lampenfieber. Der zentrale Gedanke des Harvard-Konzepts (vgl. u.a. Fisher/Ury 2002) bietet eine gute Basis dafür, dass Ihr Gegenüber Sie stark und selbstsicher und nicht schwach und unsicher wahrnimmt.

> Verknüpfe eine kooperative Grundhaltung mit Konsequenz in der Sache.

Fazit: Inwieweit Sie sicher und überzeugend auf andere wirken, hängt stark von Ihrem Selbstwertgefühl und Ihrer Einstellung ab. Ihre innere Verfassung beeinflusst unmittelbar Körpersprache, Stimme und Ihr Verhalten in der Interaktion. Nur wer an sich glaubt und sich mit seinem Thema identifiziert, wird auch andere Menschen überzeugen können und strahlt Kompetenz und Souveränität aus. Selbstvertrauen und eine optimistische Grundeinstellung erleichtern es zudem, Misserfolge in der täglichen Kommunikation zu verarbeiten und sich motiviert weiteren Herausforderungen zu stellen.

Optimismus

Ein Optimist geht fest davon aus, dass sich trotz einiger Rückschläge und Enttäuschungen letztlich alles zum Besten wenden wird. Der Unterschied zum Pessimisten liegt darin, dass Optimisten eine Niederlage auf etwas zurückführen, das sich ändern lässt, sodass sie beim nächsten Mal Erfolg haben können. Pessimisten hingegen nehmen die Schuld an der Niederlage auf sich und schreiben sie einem bleibenden Persönlichkeitsmerkmal zu, an dem sie nichts ändern können (vgl. Goleman 1996).

Optimismus erleichtert es, an den Erfolg zu glauben und auch schwierige Überzeugungssituationen zu bewältigen. Optimistische Charaktere sehen zunächst die Chancen, das Positive, die Potenziale und erst dann die Risiken, das Negative oder die Schwachstellen. Sie lassen sich durch zu große Ängste nicht blockieren, wenn es darum geht, neue Ideen und Argumente darzulegen. Optimismus meint nicht Blauäugigkeit, sondern ist durchaus gekoppelt mit einer pragmatischen Grundeinstellung und Realismus. Kennzeichnend ist ein mentales Programm, das durchgängig zuerst das Positive benennt und erst danach das Unzulängliche, den Lernbedarf oder Verbesserungspotenziale sieht.

Kontaktfreudigkeit

Hier geht es um die Fähigkeit, auf Menschen zuzugehen, mit ihnen zu kommunizieren, Erfahrungen und Ideen auszutauschen und Beziehungen mit ihnen zu pflegen. Zur Kontaktfreudigkeit gehört darüber hinaus, dass man den Kontakt zu anderen Menschen als angenehm und bereichernd empfindet und ihn von daher aktiv sucht. Die besten Voraussetzungen hierfür schafft man im ersten Schritt dadurch, dass man Interesse an Menschen zeigt und versucht, das Besondere und Einzigartige an ihnen zu entdecken. In diesem Zusammenhang hat die Fähigkeit des Smalltalk (ST) einen hohen Stellenwert, denn kleine Gespräche erleichtern es, eine persönliche Beziehung zu entwickeln und Bindungen aufzubauen.

Dafür gibt es in der Politik prominente Beispiele. So besaß etwa Altkanzler Helmut Kohl die Fähigkeit, in kurzer Zeit mit Staatsleuten unterschiedlicher politischer Couleur – Jelzin, Mitterand, Gonzales, Reagan, Bush, Gorbatschow, Clinton – in einen persönlichen Dialog zu kommen. Diese kommunikative Kompetenz, auf andere zuzugehen und Kontakte zu knüpfen, halten viele für einen erfolgswichtigen Faktor in der politischen Karriere Helmut Kohls. Ein zweites prominentes Beispiel ist der Ex-Präsident der USA Ronald Reagan. Er hat in seinen Begegnungen mit Michail Gorbatschow über Smalltalk und persönliche Begegnung das „Eis gebrochen" und schrittweise Vertrauen zwischen Ost und West gefördert.

Ein guter ST bietet die Chance, sich im gefühlsmäßigen Bereich Ihres Gegenübers zu verankern. Denn Sie sagen durch die Themen und die Art und Weise, wie Sie ST führen, auch etwas über Ihre eigene Persönlichkeit und Ihre Beziehungsfähigkeit aus. ST ist „Beziehungsmanagement im Kleinen".

Einfühlungsvermögen (Empathie)

> Der Zuhörer vergisst schnell, um was es sich gehandelt hat.
> Er vergisst jedoch nicht, wie er behandelt wurde.
>
> Unbekannt

Empathische Fähigkeiten machen es möglich, eine Atmosphäre von Vertrauen, Zuversicht und Beteiligung aufzubauen und damit Akzeptanz beim Zuhörer zu schaffen. Bei dieser Persönlichkeitsdimension geht es darum, sich in die Lage eines anderen Menschen hineinzuversetzen und seine „Sicht der Dinge" zu verstehen, insbesondere seine Erwartungen und Probleme sowie seine emotionalen Befindlichkeiten wie Ängste, Sorgen und Hoffnungen. Ihr Publikum möchte, dass Sie wertschätzend und einfühlsam mit seinen Anliegen umgehen.* Dies setzt vor allem Interesse am Gegenüber, aktives Zuhören und Kommunikation auf gleicher Augenhöhe voraus.

Ein Lehrbeispiel zum Thema „Einfühlungsvermögen" findet sich in dem Fernsehduell** zwischen Bill Clinton, George Bush und Ross Perot, in dem eine Frau aus dem Publikum den politischen Akteuren die alles entscheidende Frage stellt: „Wie hat sich die öffentliche Verschuldung auf Ihr persönliches Leben ausgewirkt? Und wenn sie keine Auswirkungen hatte, wie können Sie dann eine Lösung für die wirtschaftlichen Probleme der Durchschnittsbürger finden?"

„Perot antwortete zuerst und meinte, die Verschuldung habe ihn dazu veranlasst, ‚mein Privatleben und mein Unternehmen hintanzustellen, um etwas dagegen zu tun'. Er fügte hinzu, es sei ihm ein Anliegen, seine Kinder und seine Enkelkinder von der Last der Schulden zu befreien. (...)

Bush tat sich schwerer zu erklären, inwiefern er persönlich betroffen war. Doch die Frau ließ nicht locker und sagte, sie habe Freunde, die entlassen worden seien und ihre Kredite nun nicht mehr abbezahlen könnten. Ohne erkennbaren Zusammenhang erklärte Bush daraufhin, dass er in einer schwarzen Kirche gewesen sei und im Mitteilungsblatt einen Artikel über Mütter im Teenageralter gelesen habe und dass es ohnehin

---

* Zu den allgemeinen Erwartungen des Publikums siehe Seite 208.
** Bill Clinton beschreibt in seiner Biographie (2004) die zweite Runde des Fernsehduell im Wahlkampf des Jahres 1992, als eine Gruppe von unentschlossenen Wählern Fragen an Präsident Bush und die Herausforderer richten konnte.

nicht fair sei zu behaupten, dass man ein Problem nur verstehen könne, wenn man selbst davon betroffen sei. ... Präsident Bush verschlechterte seine Position noch, indem er immer wieder nervös auf die Uhr schaute. Dadurch verstärkte er den Eindruck, dass ihn das alles nichts anginge. (...)

Als ich (Clinton) an die Reihe kam, erzählte ich, dass ich als ehemaliger Gouverneur eines kleinen Bundesstaats sogar viele Menschen namentlich kennen würde, die ihren Arbeitsplatz verloren hatten, und dass ich im letzten Jahr viele weitere im ganzen Land kennen gelernt hatte. Ich hatte einen Bundesstaat regiert und miterlebt, welche Konsequenzen die Kürzung von Staatsausgaben für die Menschen hat. Dann sagte ich, dass die Staatsverschuldung ein großes Problem sei, aber nicht der einzige Grund für unser mangelndes Wirtschaftswachstum: Wir befinden uns im Würgegriff einer gescheiterten Wirtschaftstheorie."

Bill Clinton zeigte durch seine einfühlsame Antwort viel Verständnis für das Anliegen der Fragestellerin. Er argumentierte auf ihrer Wellenlänge. Er verstärkte den glaubwürdigen Eindruck noch durch einen dramaturgischen Kunstgriff: Während Bush und Perot bei ihren Antworten auf ihren Stühlen sitzen blieben, stand Clinton auf, als er an die Reihe kam, ging langsam auf die Frau zu und fragte „Habe ich Sie richtig verstanden, Sie fragen nach den Auswirkungen der öffentlichen Verschuldung ...?"

Dieser „kontrollierte Dialog" ist in Verbindung mit Nähe zum Publikum ein einfaches und gleichzeitig wirkungsvolles Mittel, um Einfühlungsvermögen für die Perspektive des Gegenübers unter Beweis zu stellen.

2 Kernbotschaften
Was Sie bei Ihren Zuhörern verankern wollen

> Was sich überhaupt sagen lässt,
> lässt sich klar sagen, und
> wovon man nicht reden kann,
> darüber muss man schweigen.
>
> Ludwig Wittgenstein

Inhalte dieses Kapitels:

1 Anforderungen an Kernbotschaften
2 Kommunikative Leitidee
3 Wie finden Sie unter Zeitdruck Ihre Kernbotschaften?

Die Begriffe „Botschaft" und „Kernbotschaft" werden in der Unternehmenskommunikation, in der Politik und im Journalismus recht unterschiedlich verwendet. In einem weiten Verständnis geht es bei einer „Botschaft" um eine zentrale Aussage (Nachricht), die einer bestimmten Zielgruppe oder Person vermittelt wird. Unter einer „Kernbotschaft" verstehen wir die Reduzierung eines komplexen Themas auf ein oder zwei Sätze. Sie ist der „Mehrwert" oder der „Nutzen", den Ihr Thema dem Adressaten bringt. Die folgende Frage hilft Ihnen bei der Erarbeitung Ihrer Kernbotschaft (= Kernaussage): „Wenn ich nur einen Satz zur Verfügung hätte, um meinen Zuhörern das Wesentliche zu vermitteln, wie müsste dieser Satz lauten?" Je nach Szenario und den zeitlichen Möglichkeiten können mit der Kernbotschaft weitere Aussagen und Details verknüpft werden.

Für eine Komplexitätsreduktion spricht das wichtige psychologische Argument: Je größer die Menge an Information, umso aussichtsloser ist es, die Aufmerksamkeit der Zuhörer zu wecken und wichtige Aussagen (Kernbotschaften) in deren Gedächtnis zu verankern. Auch der brillanteste Kommunikator hat hierbei stets zwei Faktoren zu beachten: die begrenzte Aufnahmefähigkeit der Zuhörer und die begrenzte Redezeit.

1 Anforderungen an Kernbotschaften

Damit Kernbotschaften von Ihren Zielgruppen uneingeschränkt wahrgenommen und behalten werden und nicht in Zeiten der Informationsüberflutung untergehen, müssen sie bestimmten Anforderungen genügen:
- Sie sollten die Quintessenz Ihres Beitrags auf den Punkt bringen.
- Sie sollten konkret, verständlich und anschaulich formuliert sein, sodass sie beim Zuhörer ein „Kopfkino" erzeugen.
- Sie sollten zielgruppenorientiert formuliert und für die Zuhörer von Interesse und Relevanz sein sowie einen Bezug zu ihrem Erfahrungshintergrund haben.
- Sie sollten – wenn immer möglich – ausdrücklich den Unternehmensnamen enthalten.
- Sie sollten im Einklang mit der kommunikativen Leitidee und der Positionierung des Unternehmens bzw. der Marke sein.

Vermeiden Sie abstrakte Kernbotschaften, weil sie der Sinneswahrnehmung des Publikums nicht mehr zugänglich sind und daher vergessen werden. Die folgenden Beispiele illustrieren den Unterschied zwischen abstrakten und konkreten Botschaften.

Beispiel 1: Sie haben eine Kernbotschaft (zwei Sätze) zum Thema „Ausbildungsplätze in Ihrem Unternehmen" zu formulieren.	
Die abstrakte Botschaft	„Wir haben Verantwortung für die jungen Leute übernommen. Unser Unternehmen hat viel mehr Ausbildungsplätze geschaffen als der Wettbewerb."
Die konkrete Botschaft	Variante 1 „DaimlerChrysler übernimmt große Verantwortung für junge Leute. Mehr als 2.800 Auszubildende haben im letzten Jahr ihren Berufsweg bei uns begonnen." Variante 2 „DaimlerChrysler übernimmt große Verantwortung für junge Leute. 40 Prozent aller Auszubildenden in der deutschen Automobilindustrie lernen ‚beim Daimler'. Ich erinnere an die letzte Pressekonferenz am ..."

Beispiel 2: Sie haben eine Kernbotschaft (zwei Sätze) zum Thema „Verbrauchs- und Emissionsreduzierung in der PKW-Flotte" zu formulieren.	
Die abstrakte Botschaft	„Wir haben auf dem Gebiet der Verbrauchs- und Emissionsreduzierung die Kohlendioxid-Emissionen der PKW-Flotte drastisch reduzieren können."
Die konkrete Botschaft	„DaimlerChrysler arbeitet intensiv auf dem Gebiet der Verbrauchs- und Emissionsreduzierung. In den letzten zehn Jahren konnte DaimlerChrysler in Europa die Kohlendioxid-Emissionen seiner PKW-Flotte stärker reduzieren als jeder andere Automobilhersteller."

In der externen Kommunikation benötigen Sie Kernbotschaften für die verschiedenen Standardsituationen. Je nach Szenario und verfügbarer Zeit werden Sie dabei andere Schwerpunkte setzen. So werden Sie in einem TV-Statement bestenfalls eine einzige Kernbotschaft unterbringen können. Ganz anders sieht das zum Beispiel bei einer Pressekonferenz aus. Dort haben Sie die Chance, detaillierte Aussagen und Einzelheiten zu bringen. Darüber hinaus können Sie Ihre Botschaften durch Visualisierung nachhaltig bei Ihren Zuhörern „verankern".

2 Kommunikative Leitidee

Unternehmensbezogene Kernbotschaften werden nicht im luftleeren Raum formuliert. Sie haben in der Regel Bezüge zur Strategie und sind verzahnt mit einer bestimmten Standardsituation. Abbildung 4 veranschaulicht diese Zusammenhänge und zeigt die Hierarchie von Kommunikationsbotschaften.

Eine kommunikative Leitidee* ist nach Bruhn (2003) „die Formulierung einer Grundaussage über das Unternehmen bzw. eine Marke, in der die wesentlichen Merkmale der Positionierung enthalten sind." Diese Leitidee bildet die Grundlage für sämtliche Inhalte der Unternehmenskommunikation. Sie bestimmt damit auch die nach außen gerichtete Managerkommunikation, und zwar in Richtung aller Zielgruppen.

---

* In inhaltlicher Hinsicht ergibt sich die kommunikative Leitidee aus der strategischen Positionierung eines Unternehmens oder einer Marke. Die strategische Positionierung ihrerseits umfasst die Leistungsmerkmale aus Unternehmenssicht, die in der Unique Selling Proposition (USP) festgehalten sind (Bruhn 2003).

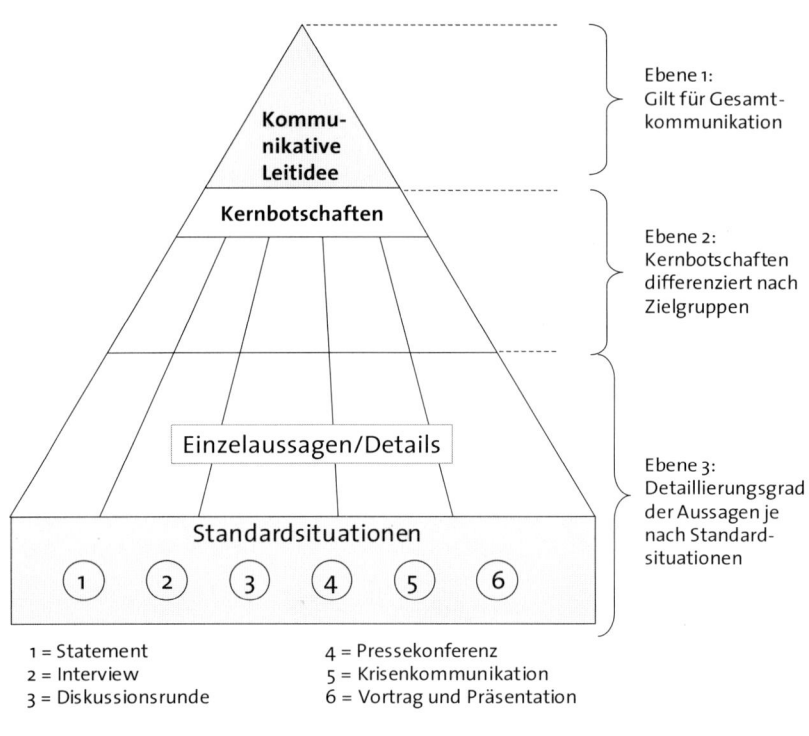

Abbildung 4: Hierarchie von Kommunikationsbotschaften

Geht man von der vorhandenen oder angestrebten Positionierung eines Unternehmens aus, lassen sie sich mit Hilfe des Suchrasters „Wir (als Unternehmen) wollen ...", „Wir sind ..." oder „Wir haben ..." ableiten.

Kommunikative Leitideen sind häufig auf einem sehr hohen Abstraktionsniveau formuliert. Dies ist auch zweckmäßig, weil sie für alle Anspruchsgruppen zutreffen sollen. Eine erste inhaltliche Konkretisierung erfolgt durch Kernbotschaften. Diese sind in der Regel weitaus anschaulicher und beziehen sich auf die wichtigen Zielgruppen, also Kunden, Aktionäre, Lieferanten und Öffentlichkeit. Weil diese Zielgruppen verschiedene Sichtweisen und Bedürfnisse haben (siehe Seite 84ff.), sind sie differenziert anzusprechen.

Bei der Formulierung der Kernbotschaften bietet sich auch hier das erwähnte Bruhn'sche Suchraster an: „Wir wollen ...", „Wir sind ...", „Wir haben ...". Beachten Sie, dass die inhaltliche Gestaltung hierbei konkreter ausfallen sollte.

Beispiele für kommunikative Leitideen

„Wir wollen ...
... auch weiterhin die erfolgreichste Premium-Marke der Welt sein." (Mercedes Benz)
... das führende integrierte pharmazeutisch-chemische Unternehmen der Welt sein." (Bayer)

„Wir sind ...
... ein weltweit führendes Beratungsunternehmen." (Roland Berger)
... auf dem Weg zu einem führenden internationalen Transport- und Logistikdienstleister." (Deutsche Bahn)
... die größte Weiterbildungseinrichtung in Deutschland speziell für Ingenieure." (VDI-Wissensforum)

„Wir haben ...
... nach dem Kauf der Stinnes AG die erste Eisenbahn der Welt, die über ein weltweites Vertriebsnetz und die damit verbundene hohe Logistikkompetenz verfügt." (Deutsche Bahn)
... über 115-jährige Tradition als Technologie- und Innovationsführer in der Automobilindustrie." (DaimlerChrysler)

Bei kurzen Statements kommen Sie mit einer Kernbotschaft aus. Bei anderen Standardsituationen benötigen Sie mehrere Kernbotschaften, die durch zusätzliche Einzelaussagen (Zahlen, Fakten, Beispiele, Vergleiche usw.) ergänzt und abgesichert werden können. Bringen Sie solche Beweismittel, die aus der Sicht Ihrer Zielgruppen vermutlich eine hohe Überzeugungswirkung haben.

Dazu gehören:
- Fakten, Zahlen, Untersuchungen, Forschungsergebnisse,
- Erfahrungen,
- Fachexperten und Wissenschaftler,
- Referenzen (erfolgreiche Projekte, Unternehmen, Personen, Länder ...),
- Nutzen, den Ihr Vorschlag bringt,
- Alleinstellungsmerkmale (USPs),
- Vorgaben aus Politik, Recht und Ethik.

Beispiele für Kernbotschaften

„Wir wollen ...
... mit dem Mercedes-Benz CLS als Erster ein viertüriges Coupé in Serienfertigung anbieten." (DaimlerChrysler)

„Wir sind ...
... bundesweit 3.300 Mitarbeiter, die unseren Kunden in den Bahnhöfen besseren Service, mehr Sicherheit und Sauberkeit bieten." (Deutsche Bahn)

3 Wie finden Sie unter Zeitdruck Ihre Kernbotschaften?

Da Sie sich als Manager oft kurzfristig auf externe Auftritte einzustellen haben und praxistaugliche Vorgaben aus einer „integrierten Unternehmenskommunikation" nicht aufbereitet zur Verfügung stehen, bleibt in den meisten Fällen ein pragmatisches Vorgehen im Sinne einer „zweitbesten Lösung". Dabei werden Sie zunächst eine Zuhörer- und Zielanalyse (siehe Kapitel 6) durchführen und daran anknüpfend Ihre Kernbotschaften mit den Einzelaussagen zur Begründung und Veranschaulichung zusammenstellen.

Prüfen Sie bei der Aufbereitung Ihrer Kernbotschaften, inwieweit verbindliche Sprachregelungen oder strategische Vorgaben Ihres Unternehmens zu dem anstehenden Thema zu berücksichtigen sind. Mindestens ist sicherzustellen, dass zentrale strategische Botschaften für alle Zielgruppen iden-

Beim Formulieren Ihrer Kernbotschaften helfen diese drei Fragen weiter

1. Welche Überschrift sollte der Zeitungsartikel haben, der morgen über den Inhalt Ihres Auftritts berichtet?
2. An welche Botschaft sollen sich Ihre Zuhörer erinnern, wenn sie in zwei Wochen an Ihren Auftritt zurückdenken?
3. Wenn man Ihnen die Zeit für den Auftritt drastisch auf eine halbe Minute reduzieren würde, wie würden Sie dann Ihre Kernbotschaft und die stützenden Informationen formulieren?

tisch sind, dass aber innerhalb dieses Rahmens die Botschaften entsprechend den Erwartungen und Merkmalen der Zielgruppen feinjustiert und durch spezielle Aussagen ergänzt werden (vgl. Pfannenberg 2003).

Bei Standardsituationen mit hoher Komplexität (Präsentationen, Pressekonferenzen, Krisenkommunikation …) ist es vielfach nicht möglich, eine übergreifende Kernaussage im Sinne einer Headline zu formulieren. Für praktische Zwecke reicht es aus, sich drei bis fünf Kernbotschaften vorab festzulegen. Diese können Sie bei Bedarf mit zugehörigen Einzelaussagen und Details anreichern.

3 Überzeugen durch Rhetorik
Sicher auftreten – wirkungsvoll sprechen

> Der Schlüssel zu einer guten Rede lautet:
> Man braucht einen genialen Anfang,
> einen genialen Schluss
> und möglichst wenig dazwischen.
>
> Sir Peter Ustinov

Inhalte dieses Kapitels:

1   Sicherheits- und Unsicherheitssignale
2   Sicheres Auftreten
3   Stimmige Körpersprache
4   Wirkungsvolles Sprechen
5   Kontakt zum Zuhörer halten

Rhetorik bedeutete im Altertum „Die Kunst der Rede". Im Laufe der Jahre wandelte sich diese Definition, sodass man heute unter Rhetorik wesentlich mehr versteht, nämlich Beeinflussung einer oder mehrerer Personen mit sprachlichen und nicht sprachlichen Mitteln mit dem Ziel, sie zum Mitdenken oder Handeln zu bewegen.

Daraus lässt sich leicht ableiten, dass Rhetorik im weitesten Sinne in allen externen Kommunikationssituationen angewendet wird: Ob Sie ein Interview geben, eine Rede halten oder an einer öffentlichen Diskussionsrunde teilnehmen, stets wirken Sie mit Ihrer Körpersprache und Ihrem Sprechen auf die Zuhörer ein. Rhetorisches Können beeinflusst zusammen mit den im ersten Kapitel behandelten Wirkkräften der Persönlichkeit Ihre Überzeugungskraft erheblich.

In diesem Kapitel behandeln wir rhetorische Praxistipps*, die in allen externen Standardsituationen relevant sind. Was darüber hinaus bei Fernsehauftritten, Präsentationen oder Diskussionsrunden zu beachten ist, erfahren Sie im zweiten Teil dieses Buches.

---

* Ausgewählte Literaturempfehlungen, die für Sie als Manager infrage kommen, wenn Sie die angesprochenen Themen der Rhetorik vertiefen wollen: von Trotha (2002); Behrens (2003); Der Redenberater (2004); Amon (2000); Ueding (2000).

1 Sicherheits- und Unsicherheitssignale (Übersicht)

Die Abbildung gibt einen Überblick wichtiger Sicherheits- und Unsicherheitssignale. In der linken Spalte sehen Sie, was aus der Sicht des Publikums eher mit Sicherheit und Gelassenheit, auf der rechten Seite hingegen, was eher mit Unsicherheit und hoher Anspannung in Verbindung gebracht wird.

Was Sicherheit und Gelassenheit signalisiert *(positive Beziehungsbotschaften)*	Was Unsicherheit und Anspannung signalisiert *(negative Beziehungsbotschaften)*
• Gute Gesamtverfassung: aufrechte Haltung; gute Spannung; Tiefenatmung • Sicherer Stand mit Schwerpunkt über beiden Beinen; aufrechter Kopf; entspannte Schultern • Gelassene und konzentrierte Grundhaltung • Im Zentrum einer „Bühne" stehen • Beim Sitzen und Stehen viel Raum beanspruchen • Engagierte und sinnentsprechende Gestik; offene Hände • Hohes Engagement und Begeisterung • Freundlich-gewinnende Mimik • Offener, ruhiger und fester Blick • Beim Sprechen: Mäßiges Grundtempo; Modulation; bewusste Sprechpausen • Kaum Ähs oder „Weichmacher" • Einfaches, gegliedertes, prägnantes Sprechen (verständlich!) • Hohes Maß an Kundenorientierung (sucht die Nähe der Zuhörer)	• Schlechte Gesamtverfassung: schiefe, gekrümmte Haltung; flacher Atem • Hin- und Herpendeln; gesenkter Kopf; hochgezogene Schultern; • Tendenz zu Fahrigkeit und Übersprunghandlungen • Am Rand einer „Bühne" stehen • Beim Sitzen und Stehen wenig Raum beanspruchen • Wenig Gestik; Hände bleiben am Körper oder werden versteckt • Wenig Engagement und Begeisterung • „Verbissene", unfreundliche Mimik • Unsteter, hektischer, flüchtiger Blick • Schnellsprechen, monotones Sprechen; kaum Pausen • Äh-Sagen und viele „Weichmacher" • Kompliziertes, unübersichtliches, weitschweifiges Sprechen (unverständlich!) • Mangelnde Kundenorientierung (bleibt distanziert)

Abbildung 5: Sicherheits- und Unsicherheitssignale

Hinweis

Beachten Sie bei der Interpretation körpersprachlicher Signale stets den gesamten Kontext, also auch die Informationen über die Persönlichkeit des Gegenübers sowie die Rahmenbedingungen. Jede äußere Gebärde ist prinzipiell mehrdeutig. Von daher wäre es gewagt, einzelne Gesten vorschnell zu deuten. Es lässt sich jedoch sagen, dass Sie Ihre persönliche Überzeugungswirkung durch die Sicherheitsgesten verstärken, durch die Unsicherheitsgesten mindern.

Neben diesen vorwiegend persönlichkeitsbezogenen und körpersprachlichen Unsicherheitssignalen gibt es eine Fülle von Redewendungen und Floskeln, die ohne Not Ihre Überzeugungskraft und die Stringenz Ihrer Argumentation abschwächen. Darüber hinaus bieten diese „Weichmacher" Ihrem Gegenüber Angriffsflächen. Solche inhaltsleeren Worthülsen sind vergleichbar mit einem „unforced error" im Tennissport, bei dem ein Spieler – ohne unter Druck zu stehen – den Ball ins Netz oder ins Aus schlägt. Hier eine Übersicht* derartiger Redewendungen und Füllwörter, die Sie vermeiden sollten.

Weichmacher und Füllwörter	Kommentierte Beispiele
1. Absolute Aussagen und Verallgemeinerungen	„immer", „absolut sicher", „nie", „alle", „ein für allemal" („Wir haben immer gesagt ..."; „Das ist absolut sicher.") *Kommentar:* Derartige pauschale Aussagen sind leicht angreifbar und lassen sich durch ein Gegenbeispiel widerlegen.
2. Abschwächende Worte	„eigentlich", „vielleicht", „ein bisschen", „scheinbar", „vermutlich", wahrscheinlich", „irgendwie", „eventuell" („Wir sind eigentlich der Meinung, dass diese Strategie Erfolg versprechend ist.") *Kommentar:* Ein abschwächendes Füllwort mindert die Stringenz Ihrer Argumentation und ist eine dialektische Angriffsfläche: „Herr Schumann, Sie sind eigentlich der Meinung, dass ... Sie stehen also nicht zu 100 Prozent hinter dem Vorschlag?"
3. Relativierende Begriffe	„grundsätzlich", „im Prinzip" („Ich bin grundsätzlich gegen diese Art von Beziehungsmanagement.") *Kommentar:* In dem Wort „grundsätzlich" steckt eine latente Dominanzgebärde. Der Sprecher reklamiert für sich einen besonders kompetenten Status."
4. Vorgeschaltete Weichmacher	„Also, wenn Sie mich fragen ..."; „Also, ehrlich gesagt ..."; „Ich will mal sagen ..."; „Ich will nicht lügen, aber ..."; „Normalerweise würde ich sagen ..." *Kommentar:* Die nachfolgende Argumentation wird durch den vorgeschalteten Halbsatz relativiert.

---

* Eine Auflistung weiterer Redensarten mit Anzeichen der Unsicherheit, des Widerstandes und des Verschleierns findet sich bei Haller 2001.

5. Vorgeschaltete Entschuldigungen	„Ich weiß nicht genau, ob ..."; „Vielleicht ist es ja so ..."; „Ich bin mir nicht sicher ..."	
	Kommentar: Die Wirkung der Argumentation wird durch die vorgeschaltete Entschuldigung gemindert.	
6. Schwache Verben	„Wir versuchen ..."; „Wir sehen darin eine Möglichkeit ..."; „Wir probieren das ...";	
	Kommentar: Diese und vergleichbare Verben werden assoziiert mit einer zögerlichen und wenig durchdachten und zielgerichteten Strategie."	
7. Formulierungen im Konjunktiv	„Vielleicht wäre es möglich ..."; „Dies könnte eine sinnvolle Variante sein ..."; „Wir würden dies für eine tragfähige Lösung halten ..."	
	Kommentar: Drückt Inkompetenz und Unsicherheit aus und provoziert entsprechende Gegenfragen. Die eigene Meinung wird verdeckt.	
8. Superlative	„toll", „super", „wahnsinnig", „phantastisch", „sagenhaft" („Wir haben da eine super Software, wirklich spitze – vor allem die Menüführung.")	
	Kommentar: Der Sprecher bewertet einen Gegenstand mit euphorischen Begriffen. Es mangelt dabei allerdings an Differenzierung. Die Wirkung dieser Wortwahl geht zu Lasten der Seriosität und Kompetenz („Der hat es nötig, so zu sprechen.")	

Vermeiden Sie das unpersönliche Wörtchen „man"

Wenn Sie formulieren: „Aus den vorliegenden Analysen kann man folgende Konsequenz ziehen ...", bleibt unklar, wen Sie ansprechen, wer der Adressat Ihrer Botschaft ist. „Man" ist ein Sammelbegriff, der – ähnlich wie die erwähnten Weichmacher – die Überzeugungskraft Ihrer Argumentation mindert. Meine Empfehlung: Lassen Sie den Zuhörer nicht mit der Frage allein, an wen sich Ihre Ausführungen richten. Sagen Sie ihm genau, welche Zielgruppe, welche Personen Sie ansprechen. Eine bessere, zielorientierte Variante für den Eingangssatz könnte lauten: „Aus den vorliegenden Analysen ziehe ich die Konsequenz ..." oder „Aus den vorliegenden Analysen kann es für unser Unternehmen nur eine Folgerung geben ..."

Die folgenden Ausführungen gelten für Szenarien, in denen Sie stehend argumentieren. Die Empfehlungen lassen sich jedoch mit kleinen Modifizierungen auch auf jene Situationen übertragen, in denen Sie sitzend ein Interview geben oder an Diskussionen teilnehmen.

2 Sicher auftreten

Stimmen Sie sich positiv ein, bevor Sie vor Ihr Publikum treten. Eine „Bordsteinminute" kann Ihnen helfen, eine gewisse Distanz zur Hektik des Alltags aufzubauen und Ihre Ausstrahlung zu verbessern.

Gerade wenn Sie einen anstrengenden Arbeitstag oder eine mühevolle Anreise hatten, ist es ratsam, einige Momente zu verweilen, bevor Sie vor die Zuhörer treten. Sie können sich zum Beispiel diese vier Formeln (nach Dorothy Sarnoff 1992) einige Male innerlich vorsagen:

Formeln zur positiven Einstimmung

- Ich freue mich, dass ich hier bin.
- Ich freue mich, dass Sie hier sind.
- Ich bin ganz für Sie da.
- Ich habe wichtige Botschaften für Sie.

Diese Formeln erleichtern es, positiv und freundlich eingestimmt auf die Zuhörer zuzugehen. Sie sind ein probates Mittel, um wegzukommen von negativen inneren Dialogen. Neben dieser mentalen Einstimmung gibt es bewährte Kurzübungen, die darauf gerichtet sind, bei Ihnen die nötige Spannung aufzubauen, sich warm zu sprechen und die natürliche Stimmlage zu finden (siehe Seite 50f.).

Guter Erst- und Letzteindruck

Ihre Zuhörer machen sich bereits ein Bild von Ihnen, bevor Sie überhaupt einen Satz gesagt haben. In den ersten Sekunden findet eine Schnelltaxierung statt. Die Lebenserfahrung zeigt, dass es außerordentlich schwer fällt, einen negativen Ersteindruck später zu korrigieren. Wer einen ungepflegten, fahrigen und zu hektischen Eindruck macht, dem traut man keine Fachkompetenz oder guten Produkte zu.

Mit Ihrem letzten Eindruck zeigen Sie, wie Sie in der Erinnerung Ihrer Zuhörer nachwirken wollen. Häufig ist es daher ratsam, Ihre Kernbotschaft zum Schluss noch einmal zusammenzufassen. Dies ist am Ende einer Diskussionsrunde oder Präsentation relativ leicht möglich.

3 Überzeugen durch stimmige Körpersprache

Psychologischen Erkenntnissen zufolge prägen die nicht sprachlichen Signale Ihren Sympathiewert um mehr als 50 Prozent (siehe z.B. Mehrabian 1972). Damit haben Sie in jeder Kommunikationssituation die Chance, durch Einsatz körpersprachlicher Signale Ihre Argumente zu verstärken und „unterschwellig" die persönliche Beziehung zum Gesprächspartner zu entwickeln.

Sicher stehen

Achten Sie auf einen sicheren Stand mit dem Schwerpunkt über beiden Beinen. Das vermittelt Ihnen Sicherheit. Die Zuhörer werden diese Körperhaltung mit Ich-Stärke und Durchsetzungsfähigkeit assoziieren. Halten Sie Ihren Körper aufrecht: Die Statik muss stimmen. Vermeiden Sie breitbeiniges Stehen, denn es wird häufig mit Platzanspruch oder Dominanzgehabe in Verbindung gebracht.

Offenheit und Engagement

Zeigen Sie Emotionen und Engagement vor allem bei wichtigen Ideen und Argumenten. Ihr Gesprächspartner muss spüren, dass Sie hinter dem stehen, was Sie sagen. Ihre Gestik und Mimik sollen das Gesagte unterstreichen. Bedenken Sie bei Ihrer Gestik, dass sich jedes rhetorische Mittel auf Dauer abnutzt. Sie fördern Ihre Überzeugungswirkung, wenn Sie Phasen der Dynamik mit ruhigeren Abschnitten koppeln. So ist es beispielsweise ratsam, die gestischen Impulse zurückzunehmen, wenn Sie analytisch geprägte Inhalte vortragen.

Bedenken Sie, dass Ihre Zuhörer Ihren Aussagen zunächst blind vertrauen müssen. Schließlich haben sie während Ihrer Argumentation weder Zeit noch Gelegenheit, Ihre Beweismittel auf Tragfähigkeit zu prüfen. Im Zweifel werden sie sich fragen, ob Sie ihnen vertrauenswürdig und fachkundig erscheinen und ob Sie hinter Ihren Aussagen stehen. Die emotionale Ausstrahlung, Persönlichkeit und Rhetorik werden umso stärker zur Beurteilung Ihrer Person herangezogen, je weniger die Zuhörer die Richtigkeit der Thesen nachvollziehen können.

Bleiben Sie sich treu

Es kommt Ihrer Glaubwürdigkeit zugute, wenn Sie sich echt und situationsgerecht verhalten. Von großer Bedeutung ist die Stimmigkeit von Körpersprache und Gesagtem. Was Sie sagen, muss zu der Art und Weise passen, wie Sie es sagen. Die beste Voraussetzung für eine glaubwürdige und echte Wirkung ist, positiv über Ihre Zuhörer zu denken.

Bemühen Sie sich darum, Ihre Gestik nicht zu machen, sondern zuzulassen. Wenn der innere Impuls da ist, kommt die Gestik von selbst. Ihre Gestik wirkt am stärksten, wenn sie zum Inhalt passt und mit Ihrer Argumentation, Mimik und Ihrem Sprechausdruck eine Einheit bildet. Die Hände sollten immer sichtbar sein.

Samy Molcho weist darauf hin, dass die Hände (wie der gesamte Körper) immer zum Sprechvorgang gehören und in doppelter Hinsicht wirken: zum einen in Richtung auf die Zuhörer und zum anderen auf Geist und Gefühl des Vortragenden. Wer zum Beispiel während des Sprechens die Hände links und rechts vom Körper herabhängen lässt, wird sich durch dieses Hängenlassen in eine unbewegte, monotone Stimmung versetzen, die sich auch auf Stimme und Tonfall überträgt. Und so ist auch die Wirkung auf den Zuhörer.

Wenn Sie dagegen pragmatisch, problemlösungsfähig und gestaltungskräftig wahrgenommen werden wollen, können Sie das Gesagte durch Gestik unterstützen. Bei den Zuhörern wird der Eindruck entstehen: Hier spricht jemand, der engagiert ist und der zupacken kann. Bedenken Sie, dass wir der Hand intuitiv alle Innovationen der Menschheit zuordnen: vom Werkzeug, Feuer, Rad bis zu den technischen Erfindungen und Entwicklungen der Gegenwart. Dieses Phänomen erklärt die psychologische Erkenntnis, dass sich etwa 20 Prozent unserer körpersprachlichen Wirkung auf die Gestik zurückführen lässt.

Vermeiden Sie daher, die Hände ständig auf dem Rücken halten, vor der Brust zu verschränken oder in den Hosentaschen zu verstecken. Allgemein lässt sich sagen, dass asymmetrische Arm- und Beinhaltungen in der Regel vom Zuhörer als geringschätzend erlebt werden. Bedenken Sie, dass kleine Gestik oft kleinlich und ängstlich wirkt, während die große – weit ausholende – eher Sicherheit und Souveränität ausdrückt.

Positive Beziehungsbotschaften senden

Die übergreifende Empfehlung lautet: Achten Sie darauf, dass Ihre Gestik und Mimik sowie Ihre Haltung positive Assoziationen beim Zuhörer auslösen. Senden Sie also „positive Beziehungsbotschaften", beispielsweise durch einen stetigen Blick und durch offene Gestik.

Falls Sie stehend argumentieren, etwa im Rahmen einer Präsentation, sollten Sie eine natürliche Grundposition für Ihre Gestik wählen. Günstig ist es, die Hände in Hüfthöhe (der so genannte „neutrale Bereich") zu halten, da dies Handlungsbereitschaft und Engagement signalisiert. Dies fällt leichter,
- wenn Sie Ihr Stichwortkonzept in die Hand nehmen,
- wenn Sie eine Hand in die andere legen,
- wenn sich Ihre Hände leicht berühren (Spitzdach).

Diese typische Grundhaltung der Hände können Sie zum Beispiel bei Fernsehmoderatoren wie Joachim Bublath („Die große Knoff-Hoff-Show") oder Ranga Yogeshwar („Quarks & Co") beobachten, während sie dem Fernsehpublikum naturwissenschaftliche Inhalte erklären.

Falls Sie sitzend am Tisch argumentieren, wirkt es souverän, wenn Sie aufrecht sitzen und mit kleinen Bewegungen Ihre Ausführungen verstärken. Nehmen Sie als positives Beispiel Gerhard Schröder oder Bill Clinton in Fernsehinterviews oder bei Pressekonferenzen. Vermeiden Sie auch hier extreme Verhaltensweisen, weil diese die Aufmerksamkeit der Zuhörer binden. Dazu gehören sehr weit ausholende Gesten, nervöse „Ticks" genauso wie ein völlig unbewegter Gestus („Körperpanzer"). Vergessen Sie nicht, dass Sie auch dann wahrgenommen werden, wenn andere das Wort haben. Bleiben Sie auch in diesen Phasen der Diskussion freundlich und konzentriert. Es empfiehlt sich, Arme und Hände geöffnet zu halten (mindestens nicht zu verschließen!), weil dies „unterschwellig" Dialogbereitschaft und Offenheit ausdrückt.

Blickkontakt anbieten

Halten Sie Blickkontakt zum Gegenüber, wenn Sie argumentieren. Dies ist ein Signal der Wertschätzung und ermöglicht es Ihnen,
- eine „emotionale Brücke" (Kontaktbrücke) zum Gegenüber aufzubauen,
- persönliche Sicherheit zu demonstrieren,

- die Aufmerksamkeit zu verstärken,
- das Gesagte zu unterstreichen,
- die Reaktionen des Gegenübers zu beobachten.

Es gibt eine Reihe von Erklärungen für fehlenden Blickkontakt im Alltag: Sie reicht von Arroganz und Dominanzstreben bis hin zu persönlicher oder fachlicher Unsicherheit, Ängstlichkeit oder Minderwertigkeitskomplexen.

Achten Sie darauf, in Konzentrationsphasen den Blick nicht zu senken oder zu weit vom Gegenüber zu entfernen. Wenn Ihnen die Auge-in-Auge-Situation im Gespräch oder im Interview zu viel innere Anspannung verursacht, schauen Sie auf die Stirn oder auf die Nasenwurzel Ihres Gesprächspartners.

4 Überzeugen durch wirkungsvolles Sprechen

Die persönliche Art und Weise des Sprechens – ob langsam oder schnell, ob laut oder leise, ob deutlich oder nuschelnd, ob flüssig oder stockend – sagt immer auch etwas über die eigene Persönlichkeit aus. Von Cicero stammt das Wort: Wie der Mensch, so seine Rede!

Der Überzeugungskraft abträglich ist:

- Zu schnelles Sprechen
- Fehlende oder zu kurze Sprechpausen
- Wenig moduliertes, eintöniges Sprechen
- Schlechte Artikulation (Verschlucken der Anfangs- und Endsilben)
- Zu leises oder zu lautes Sprechen
- Dehnungslaute wie Äh-Sagen
- Falsche Betonungen

Durch Training rhetorische Mängel beseitigen

Wer seine Stimme weiterentwickeln und rhetorische Mängel wie das Äh-Sagen beseitigen will, kann dies in Eigenregie oder unter fachkundiger Anleitung in Angriff nehmen. Zur Illustration dieser Lernwege zwei Beispiele, eines aus der griechischen Antike und eines aus dem letzten Bundestagswahlkampf in Deutschland.

1. Selbstgesteuertes Stimmtraining des Demosthenes (vgl. Redenberater 2004)

Von dem großen antiken Redner Demosthenes ist folgende Methode des Stimmtrainings überliefert: Mitten in einer Rede auf dem Athener Marktplatz, der „Agora", versagte ihm plötzlich die Stimme. Unter dem Gelächter der Zuhörer musste er seinen Vortrag abbrechen. Nach dieser Blamage beschloss Demosthenes, so etwas dürfe nie wieder passieren. Er ging an die Meeresküste, machte die tosende Brandung zu seinem Publikum und brüllte gegen sie an. Damit schulte er seine Lautstärke. Er ging zum Strand und legte sich Felsbrocken auf seine Brust. So trainierte er die Zwerchfellatmung, um nie wieder Luftprobleme zu bekommen. Er steckte einen Kieselstein zwischen die Zähne und zwang sich, deutlich zu sprechen. Nach unzähligen Übungsstunden traute er sich wieder in die Öffentlichkeit – und wurde einer der erfolgreichsten Redner des antiken Griechenlands.

2. Stimmtraining für Edmund Stoiber mit Hilfe eines Medienberaters

Am 20. Januar 2002 hatte Edmund Stoiber einen peinlichen Auftritt bei „Sabine Christiansen": Der bayrische Ministerpräsident wirkte fahrig und nervös, produzierte Ähs am laufenden Band, redete Sabine Christiansen mit Frau Merkel an, brachte oft seine Sätze nicht zu Ende, verhaspelte sich in Fachsimpeleien. Ein Paradebeispiel für die psychologische Erkenntnis, dass die Zuschauer vorrangig auf rhetorische Unzulänglichkeiten und Versprecher achten, wenn diese ein gewisses zumutbares Maß übersteigen. Bis zum Fernsehduell mit dem Kanzler blieb dem Kandidaten der Union noch ein halbes Jahr. Diese Zeit nutzt er, um sein Image und Auftreten mit Hilfe des Medienberaters Michael Spreng wettbewerbsfähig zu machen. Die Fernsehduelle am 25. August und 8. September 2002 mit Gerhard Schröder zeigten, dass dieses Coaching erfolgreich war. Stoiber wirkte beim Schlagabtausch im Fernsehen in rhetorischer Hinsicht konzentriert und recht sicher, formulierte ohne Stottern und Stockungen die Sätze zu Ende und produzierte kaum Füllsel. Selbst das Erich-Ollenhauer-Haus attestierte: „Stoiber machte eine bessere Figur als erwartet."

Stimmbildung und Sprechtechnik – Visitenkarte Ihrer Persönlichkeit

Jeder Mensch hat seinen ganz persönlichen „stimmlichen Fingerabdruck". Innerhalb unserer individuellen Stimmlage gibt es eine Mittellage, in der wir entspannt und natürlich sprechen können. Sprecherzieher nennen dies „Indifferenzlage" (Grundton oder Eigenton). Bei Stress rutscht die Stimme manchmal aus der normalen Stimmlage nach oben. Physiologisch lässt sich dies so erklären, dass sich die innere Spannung auf die Spannung der Muskeln im Oberkörper und Hals überträgt (vgl. Herman u.a. 2002). Dabei treten nicht selten die Sehnen am Hals hervor und die Halsschlagader schwillt an. Der Kehlkopf wird hochgestellt, die Stimmbänder werden gespannt. Dadurch steigt die Tonhöhe wie bei einer Gitarrensaite, die man hochgedreht hat.

Eine positive, sympathische Wirkung Ihrer Stimme hängt davon ab, dass Sie auf dem richtigen Grundton („Eigenton") sprechen und die Resonanzräume nutzen. Wer seine Stimme drückt oder über seiner normalen Stimmlage redet, ist verspannt. Und das mindert die Überzeugungswirkung beim Zuhörer.

Wie finden Sie Ihren richtigen Grundton?

Die folgenden drei Schritte* ermöglichen es Ihnen, in den optimalen Sprechtonbereich zu gelangen:

1. Schritt

Atmen Sie tief ein und lassen Sie sodann die Luft langsam ausströmen. Nun summen Sie beim Ausatmen ein „Mhhmmm". Lassen Sie diesen Laut ganz entspannt kommen. Der Ton, den Sie hören, ist Ihr Eigenton, der Ton, in dem Ihre Stimme sicher und positiv wirkt.

Einen zusätzlichen Nutzen bringt Ihnen die „Kauübung" nach E. Froeschels. Diese ist nämlich dazu geeignet, nicht nur Ihren natürlichen Stimmklang zu finden, sondern gleichzeitig auch die Artikulationsmuskulatur zu entspannen:

Stellen Sie sich vor, Sie kauen Ihr Lieblingsessen (nichts Flüssiges oder zu Weiches) – ganz entspannt und mit geschlossenem Mund. Während Sie beim Kauen intensiv an Ihr „Wiener Schnitzel" oder Ihre „Pekingente" denken, lassen Sie ihre Stimme mitklingen. Es entsteht ein angenehmer Brumm- oder Summton (Mhhmmm ...) in mittlerer Lage. Dies ist Ihre Indifferenzlage.

---

* Ein differenziertes Schema dieses Dreischritts findet sich bei Kutscher 2002.

2. Schritt

Aus dem „Mhhmmm" heraus können Sie nun Sprechübungen machen oder einfach nur zählen. Achten Sie darauf, dass Sie beim Sprechen der Zahlen immer im Eigenton bleiben. Später können Sie einzelne Worte oder ganze Sätze formulieren. Stimmen Sie sich dabei vorab stets mit einem „Mhhmmm" auf Ihren Grundton ein.

3. Schritt

Diese kleine Übung können Sie beliebig oft wiederholen und somit rasch Ihren optimalen Sprechtonbereich (Indifferenzlage) finden. Dort hat Ihre Stimme den schönsten Klang und die wirkungsvollste Resonanz. Nutzen Sie diese Miniübung als kleines „Warming up", um die Stimme vor einem Auftritt an die Eigentonlage zu gewöhnen.

Welche Körperhaltung unterstützt wirkungsvolles Sprechen?

Achten Sie auf eine aufrechte Haltung, und zwar beim Sprechen am Tisch als auch in einer offenen Diskussionsrunde oder hinter dem Mikrofon. Wer seine Beine hinter den Stuhlbeinen verschränkt oder zusammengesackt mit gebeugtem Oberkörper sitzt, spricht nicht gut. Stimmliche Präsenz verlangt eine ausgeglichene Körperspannung. Konkret: Füße fest auf den Boden stellen, Oberkörper und Kopf gerade halten. In einigen Studios stehen die Moderatoren*, weil es sich im Stehen einfacher (natürlicher) sprechen lässt als im Sitzen. Darüber hinaus fällt es leichter, unterstützende Gestik einzusetzen und die Resonanz im Brustkorb auszunutzen.

Eine lebendige Sprechtechnik entwickeln

Es sind vor allem drei Sprechaspekte, die prominente Redner wie Helmut Schmidt, Bill Clinton oder Joschka Fischer nutzen, um ihre Zuhörer zu fesseln:
- wechselndes Sprechtempo,
- Modulation und
- Pausentechnik.

---

* Mein Kollege Helmut Rehmsen moderiert zum Beispiel seine Hörfunkmagazine beim WDR 2 vorrangig im Stehen.

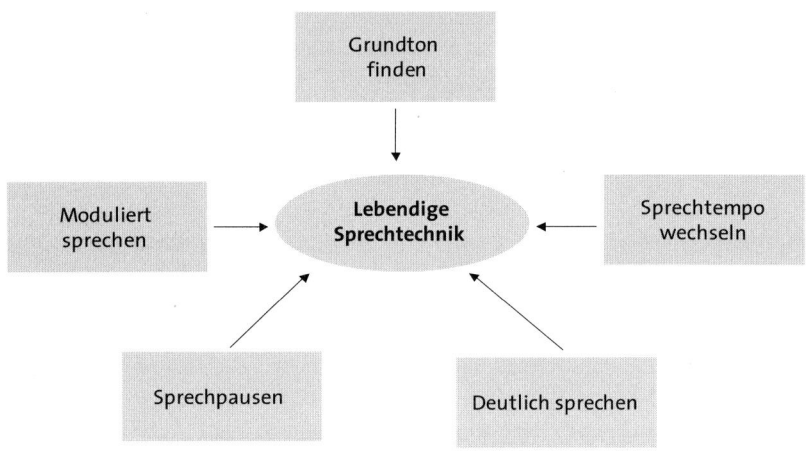

Abbildung 6: Elemente einer lebendigen Sprechtechnik

Wechseln Sie das Sprechtempo

Ein eher mäßiges Grundtempo sorgt dafür, dass die Zuhörer verstehen, was Sie sagen. Um wichtige Stellen zu markieren, sprechen Redeprofis deutlich langsamer.

Praxistipp
Tragen Sie Schwieriges, Neues und Wichtiges langsamer vor. Wenn Sie dagegen motivieren und mitreißen wollen, sprechen Sie schneller.

Sprechen Sie mit Modulation

Nicht nur Tempowechsel, auch lauteres oder leiseres Sprechen steigern die Aufmerksamkeit des Publikums. Nutzen Sie die Möglichkeit der „pädagogischen Rhetorik" in Verbindung mit Pausen, um Wichtiges anzukündigen. Beispiel: „Ich komme jetzt zu einem ganz entscheidenden Punkt." Danach: Pause machen und dann lauter oder leiser fortfahren: „Wir müssen unser Servicekonzept noch kundenfreundlicher machen. Das geht ganz klar aus den jüngsten Zufriedenheitsanalysen hervor ..."

Sprechen Sie deutlich

- Eine verwaschene, undeutliche Aussprache kann nicht überzeugen; sie legt die Assoziation nahe, dass der zugrunde liegende Gedanke ebenfalls unklar und wenig durchdacht ist.
- Achten Sie auf eine klare Artikulation, insbesondere bei Anfangs- und Endsilben sowie bei allen Selbstlauten.
- Vermeiden Sie Ähs und andere Dehnungslaute: Häufige Dehnungslaute werden ebenfalls als negativ erlebt und beeinträchtigen daher Ihre Überzeugungswirkung. Eine Möglichkeit, sie zu vermeiden, besteht darin, zwischen den Sätzen den Mund zu schließen und durch die Nase einzuatmen (siehe Seite 54f.).

Praxistipp
Stehen Sie zu Ihrer ganz persönlichen Dialektik, solange Ihre Zuhörer mühelos verstehen, was Sie sagen. Dies fördert Ihre Sicherheit bei Auftritten und wird aus der Sicht Ihres Publikums als sympathischer und glaubwürdiger wahrgenommen, als wenn Sie krampfhaft versuchen, den Kriterien deutscher Bühnenlautsprache zu folgen. In diesem Sinne antwortet Moderatorin Sabine Christiansen auf die Frage, ob Sie jemals eine Sprechausbildung absolviert habe: „Ich habe sogar während meines Volontariats eine Sprechausbildung schnell wieder beendet. Ich hatte das Gefühl, meine eigene Sprache werde verkünstelt. Und das ist meines Erachtens etwas für Schauspieler, aber nichts für eine Journalistin" (www.sabine-christiansen.de).

Machen Sie Sprechpausen

Jeweils vor und nach Tempo- und Modulationswechseln legen Redeprofis ganz bewusst kurze Pausen ein. Dieser unscheinbare Effekt erhöht das Gewicht Ihrer Aussagen beträchtlich. Außerdem geben Ihnen Sprechpausen Gelegenheit, sich zu entspannen. Nutzen Sie darüber hinaus Sprechpausen, um
- Ihre Ausführungen zu gliedern, Aufmerksamkeit zu wecken und Spannung zu erzeugen.
- Ihre Atemreserve aufzufüllen und sich auf die folgenden Aussagen vorzubereiten.

Ständiges Schnellsprechen wird im Regelfall als eher negativ erlebt und erschwert daher Ihre Überzeugungsarbeit:
- Schnellsprecher wirken egozentriert, weil sie sehr viele Informationen in kurzer Zeit vermitteln, unabhängig davon, ob es der Zuhörer verarbeiten kann.
- Schnellsprecher wirken hektisch, aufgeregt und fahrig oder übertrieben mitteilsam.
- Schnellsprecher vermitteln oft den Eindruck, sie wollten die Sprechsituation möglichst schnell hinter sich bringen, um Misserfolgen aus dem Weg zu gehen (Fluchtverhalten).
- Schnellsprechen verführt zum undeutlichen (nuschelnden) Sprechen.

Schnellsprechen kommt häufig auch dadurch zustande, dass Sie sich in einem Thema exzellent auskennen und Ihren Zuhörern das in nur wenigen Minuten vermitteln wollen, was Sie sich in Monaten oder Jahren angeeignet haben. Für jede Kommunikationssituation gilt, dass die Aufnahmekapazität der Zuhörer begrenzt ist. Diese Erkenntnis sollte schon ausreichen, um das Sprechtempo zurückzunehmen und „hirngerecht" vorzutragen. Thilo von Trotha, ehemaliger Redenschreiber von Helmut Schmidt, attestiert dem Altbundeskanzler eine besondere rhetorische Begabung: Schmidt war in der Lage, seine Gedanken zur Nationalökonomie und Weltwirtschaft noch „beim 500. Mal so vorzustellen, als spräche er sie zum ersten Mal aus" (von Trotha 2002).

Wie Sie Dehnungslaute wegtrainieren

Ähs und andere Dehnungslaute sind kein Naturgesetz. Sie sind „dumme" Angewohnheiten und kommen dadurch zustande, dass dem Sprecher der Mut zur Pause fehlt. Dehnungslaute suggerieren dem Sprecher, dass er – scheinbar ohne Pause – weiterspricht, obwohl der Satz beendet ist. Der Sprechvorgang ohne Dehnungslaute ist dadurch gekennzeichnet, dass nach einem gesprochenen Satz eine kleine Pause bis zum nächsten Satz gemacht wird. In ihr wird eingeatmet und gleichzeitig der nächste Satz gedanklich formuliert.

Hier ein kleines Selbstlernprogramm, das Ihnen hilft, störende Füllsel mit Hilfe eines Tonbandgeräts wegzutrainieren (eine ergänzende Übung finden Sie auf Seite 187).

1. Sprechen Sie über ein Thema Ihrer Wahl und nehmen Sie Ihren Beitrag auf Band auf. Zählen Sie beim Abspielen die Ähs.

2. Jedes Mal, wenn Ihnen bei der Tonbandkontrolle ein Füllsel über die Lippen kommt, halten Sie an und sprechen die betreffende Passage ohne Dehnungslaut. Nutzen Sie die Pause, um bewusst zu atmen.

3. Tragen Sie sich dann das Ganze noch einmal vor und nehmen Sie es erneut auf. Wiederholen Sie die Übung, bis Sie zufrieden sind.

4. Üben Sie im Alltag, nach einem Satz eine Pause zu machen, den Mund zu schließen, nasal zu atmen und dann (ohne Füllsel) weiter zu sprechen.

5   Kontakt zum Publikum halten

Große Fachkompetenz und gründliche Vorbereitungen nutzen wenig, wenn Ihr Publikum das Gesagte nicht nachvollziehen kann. Sie erleichtern Ihrem Gegenüber die Aufnahme der Informationen, wenn Sie
- die Gliederung/das Vorgehen mit Ihrem Gesprächspartner abstimmen,
- dem Gegenüber immer wieder zeigen, wo Sie im Vortrag stehen,
  – was bereits besprochen wurde,
  – was noch kommt,
- eine zuhörergerechte Sprachebene wählen,
- die Kernaussagen durch anschauliche Beispiele illustrieren und durch Wiederholung verankern,
- Fachbegriffe/Abkürzungen auf das Notwendige beschränken und erklären,
- Ihre Ausführungen an vermutetes/bekanntes Wissen und vermutete/ bekannte Erfahrungen der Zuhörer anknüpfen,
- anschauliche Beispiele aus der „Welt" der Zuhörer bringen,
- anhand von Stichwörtern „frei" sprechen,
- besonders wichtige Aussagen rhetorisch hervorheben („Dieser Punkt ist besonders wichtig …"; „Von entscheidender Bedeutung ist …"),
- Zusammenfassungen machen,
  – nach längeren Ausführungen,
  – nach wesentlichen Aussagen,
- eine gute Mischung zwischen Kerninformationen und auflockernden Elementen (Beispiele, Vergleiche, eigene Erfahrungen usw.) bringen.

Achten Sie auf die Reaktionen Ihres Publikums

Achten Sie während der gesamten Argumentation darauf, wie Ihre Zuhörer auf Ihre Ausführungen reagieren. Schenken Sie dabei Entscheidern, Schlüsselpersonen und informellen Führern besondere Aufmerksamkeit.

Das bedeutet, folgende drei Fragen stets im Hinterkopf zu haben:
- Inwieweit erlebe ich Akzeptanz und Interesse beim Zuhörer?
- Deuten nicht sprachliche Signale auf Widerspruch oder „innere Kündigung" hin?
- Inwieweit sind Verständnisprobleme erkennbar?

4 Lampenfieber beherrschen
Wege zur Gelassenheit

> Das Gehirn ist eine großartige Sache.
> Es funktioniert bis zu dem Zeitpunkt,
> wo Du aufstehst, eine Rede zu halten.
>
> Mark Twain

Auf einen Blick:

1. Zu viel Stress blockiert
2. Bereiten Sie sich gut vor
3. Akzeptieren Sie innere Unruhe
4. Überwinden Sie Ängste durch Handeln
5. Bleiben Sie bei Versprechern gelassen

1 Zu viel Stress blockiert

Einen öffentlichen Auftritt erlebt man als eine bedrohliche Stress-Situation, wenn man die eigenen rhetorischen und dialektischen Fähigkeiten für die erfolgreiche Bewältigung als unzureichend einschätzt. Manager empfinden häufig besonders viel Stress beim Sprechen vor großem Publikum, in emotional aufgeladenen Diskussionsrunden und bei der Abwehr unfairer Angriffe. Das gilt vor allem dann, wenn wichtige Personengruppen involviert sind (zum Beispiel Aktionäre, A-Kunden, Entscheidungsgremien) oder wenn das Szenario (zum Beispiel Fernsehauftritt, Pressekonferenz, Krisenkommunikation) wenig vertraut ist. Das persönlich empfundene Stress-Niveau variiert allerdings je nach Persönlichkeit, dem verfügbaren kommunikativen Repertoire und dem Trainingszustand.

Wir sind mit einer automatischen Stress-Reaktion ausgestattet, um in kritischen Situationen kämpfen oder fliehen zu können. Dieses Alarmprogramm sichert seit den frühen Phasen der Stammesgeschichte unser Überleben. In einer bedrohlichen Situation wird viel nervöse Energie freigesetzt und unser Denkhirn teilweise blockiert. Wir erleben subjektiv Angst. Im Grenzfall geraten wir in Panik. Gelassenheit und Sicherheit weichen, Unsicherheit nimmt zu. Im ungünstigsten Fall geraten wir in einen „psychologischen Nebel" (Festinger). Unsere Wahrnehmung ist dann außerordentlich eingeschränkt. Eine mentale Blockade verhindert überlegtes Handeln.

Dieses Phänomen kennt wohl jeder auch aus anderen Lebensbereichen: Sie sind in einen Verkehrsunfall verwickelt und können sich an nichts erinnern; heftige Flugturbulenzen versetzen Sie in Angst; Sie werden lautstark angegriffen und fühlen sich mental schachmatt gesetzt. Ein Übermaß an Stress* führt zu Ängsten und zunehmender psychischer Anspannung (Distress) sowie zu physiologischen Veränderungen im eigenen Körper. Dazu gehören Schweißausbrüche, Herzklopfen, hohe Atem- und Pulsfrequenz genauso wie weiche Knie und zitternde Gliedmaßen.

Diese Zusammenhänge zeigt Abbildung 7.

Ein mittleres bis leicht erhöhtes Stress-Niveau ist günstig für sicheres und zielführendes Handeln. Skaliert man die subjektiv erlebte Erregung in einer Skala von 0 bis 10, so ist ein Erregungslevel zwischen 5 und 7 optimal.

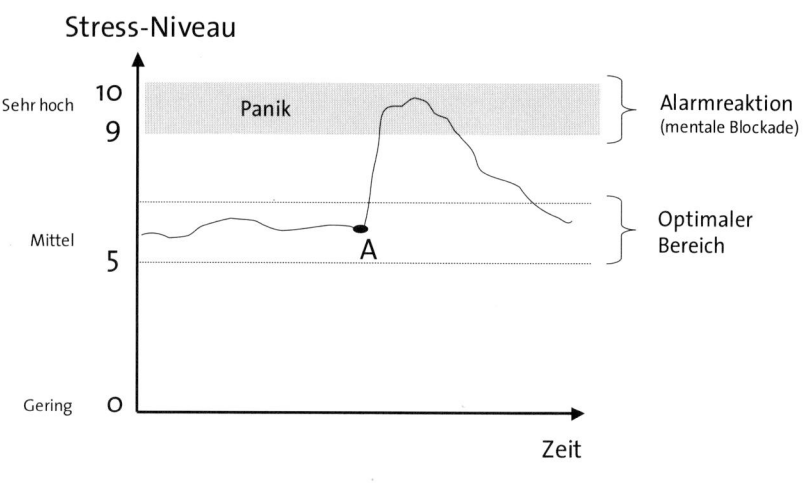

Abbildung 7: Stress-Kurve beim Argumentieren

* Der Stress-Forscher Hans Selye unterscheidet Eustress und Distress. Eustress ist eine günstige, gesundheitsfördernde Belastung und wirkt sich auf Leistung und Motivation stimulierend aus. Distress beinhaltet demgegenüber eine schädigende Überforderung des Organismus. Wenn im Folgenden von Stress gesprochen wird, ist stets Distress gemeint.

Hier verfügt unser Nervensystem über eine ausreichende Spannung, um überzeugend zu agieren und zu reagieren. Wer nicht trainiert ist, vor Publikum zu sprechen, zu brisanten Themen Stellung zu nehmen oder mit persönlichen Angriffen umzugehen, läuft Gefahr, zu stark zu reagieren und in Panik zu geraten. Dies symbolisiert der Punkt A. Beispiel: „Das glauben Sie doch selbst nicht, was Sie da sagen", „Völliger Nonsens, den Sie da von sich geben" oder noch härtere Angriffe können Sie in Sekundenbruchteilen schachmatt setzen. Ihre Psyche wird sozusagen in den Panikbereich katapultiert. Ein ähnlich blockierender Effekt kann eintreten, wenn jemand das Rotlicht im Fernsehstudio sieht oder bei einer Großveranstaltung vor das Publikum tritt. Konsequenzen kennt jeder aus vergleichbaren Situationen: Die Erregung steigt, es fehlen einem die Worte: Die Synapsen im Denkhirn arbeiten nicht so, wie man sich das wünscht.

Die Ursachen liegen häufig in Ängsten unterschiedlichster Art: Angst vor Versagen, Angst vor dem Steckenbleiben, Angst „einzubrechen", Angst vor kritischen Fragen, Angst, den eigenen Erwartungen nicht gewachsen zu sein usw. Dazu kommen weitere Ursachen für Redehemmungen: mangelnde Übung, Streben nach Perfektionismus, zu hohe Ansprüche an die eigene Person, mangelndes Selbstvertrauen, eine schlechte gesundheitliche Verfassung oder eine unzureichende Vorbereitung.

Praxistipp
Was kann man nun tun, um hier gegenzusteuern? Was kann man tun, um erfolgsmotiviert und selbstüberzeugt vor den Zuhörerkreis zu treten? Ihre Wirkung hängt nicht so sehr von der mechanischen Anwendung kommunikativer (äußerer) Techniken ab, so wichtig diese auch sind. Viel wichtiger für ein erfolgreiches Stress-Management ist eine positive Einstellung zur eigenen Person, zum Thema und zum Zuhörer. Dies ist der Schlüssel zu einer selbstbewussten, gelassenen Grundhaltung (siehe hierzu Kapitel 1).

2 Bereiten Sie sich gut vor

Eine sorgfältige Vorbereitung gibt zusammen mit den rhetorischen und dialektischen Mitteln Sicherheit und Erfolgszuversicht. Die vorbereitenden Überlegungen sollten Strategien für schwierige Situationen und „heikle" Einwände mit einschließen. Besonders herausfordernde Szenarien wie Stress-Interviews im Fernsehen, Pressekonferenzen oder schwierige Diskussionsrunden kann man vorab praxisnah simulieren, um Schwachstellen zu erkennen und sich auf die Ernstsituation besser einzustellen. In Teil II dieses Buches erhalten Sie bewährtes Know-how für die Bewältigung der wichtigsten Standardsituationen.

Überfordern Sie dabei Ihr Gehirn nicht mit zu vielen Fakten, Zahlen und Detailinformationen. Prägen Sie sich nur wenige Kernbotschaften ein, damit Sie konzentriert und flexibel bleiben. Ein lehrreiches Beispiel bietet das Fernsehduell zwischen Reagan und Mondale.

Fernsehduell zwischen Ronald Reagan und Walter Mondale

In dem ersten Schlagabtausch war der große Kommunikator Reagan einige Male vor dem Millionenpublikum ins Stottern geraten, was für seine Anhänger und ihn selbst sehr enttäuschend war. In der Rückschau erklärte der Präsident seine schlechte Leistung dadurch, dass er zu viele Stunden über Unterlagen gebrütet und zu viel Zeit mit Hintergrundinformationen und in vorbereitenden Scheindiskussionen verbracht habe. So war er bei der ersten Debatte wahrscheinlich einfach übertrainiert.

Als Konsequenz beschloss Reagan, sich in der zweiten Diskussion nicht mit so vielen Daten und Fakten zu belasten. Dass seine Entscheidung richtig war, erlebten die Fernsehzuschauer schon zu Anfang der zweiten Disputation, als ein Journalist Reagan fragte, ob sein Lebensalter (73 Jahre) ein Nachteil oder irgendwie bedeutend für den Wahlkampf wäre. Der Präsident spontan und schlagfertig: „Ich habe nicht die Absicht, die Jugend und Unerfahrenheit meines Gegners politisch auszuschlachten." Das Publikum tobte und die Kameras fingen das Lachen Mondales ein.

Hierzu schreibt Reagan in seiner Biographie: „Ich bin fest davon überzeugt, dass ich auf so einen Satz nicht gekommen wäre, wenn ich mir das Hirn so vollgestopft hätte wie vor der ersten Diskussion. Wenn der Kopf so faktengesättigt ist wie vor einem Examen, ist das Hirn einfach nicht flexibel genug."

3   Akzeptieren Sie innere Unruhe

Lampenfieber ist – in bestimmten Grenzen – durchaus erwünscht, um die notwendige Energie und Leistungsbereitschaft zu aktivieren. Das weiß jeder Leistungssportler, jeder Schauspieler vor einer Premiere, jeder

Moderator vor einer Live-Sendung im Fernsehen, jeder Redner vor einer wichtigen Debatte. Nur wer innerlich „aufgeladen" ist, besitzt die entsprechende Dynamik und das Durchhaltevermögen für die kommunikative Herausforderung.

Kämpfen Sie nicht gegen Ihre innere Anspannung und Ihr Lampenfieber. Körperliche Reaktionen wie Herzklopfen und feuchte Hände signalisieren Ihnen, dass Ihr gesamter Organismus mitspielt und die notwendigen Energien bereitstellt. Registrieren Sie diese Anspannung als etwas Positives und freuen Sie sich darüber.

Bedenken Sie auch, dass Sie nach außen sehr viel überzeugender wirken als Sie subjektiv meinen. Dieses Phänomen erlebe ich regelmäßig in meinen Kommunikationsseminaren, wenn Teilnehmer bei der Analyse der eigenen Videomitschnitte feststellen: „Ich hätte nicht gedacht, dass ich so gut rüberkomme. Mein Lampenfieber und meine innere Anspannung treten ja gar nicht so stark in Erscheinung, wie ich vorher vermutet habe."

Ihr subjektives Erleben ist eben nicht gleichzusetzen mit Ihrem Verhalten. In der Wahrnehmung der Zuhörer wirkt nur das, was nach außen in Erscheinung tritt: Körpersprache, Kleidung, Stimme und die vermittelten Inhalte. Mehr gibt es nicht: Ihre psychologische Innenwelt bleibt den anderen verschlossen.

4   Überwinden Sie Ängste durch Handeln

„Keine Kunst ohne Übung" lautet eine Volksweisheit. Dies gilt für die Kunst des Golfspielens, für die Kunst des Tanzens, für die Kunst des Schauspielens genauso wie für die Redekunst oder die Kunst des Argumentierens. Jede Gelegenheit im Alltag ist hierbei die beste Gelegenheit, um zu üben.

Belasten Sie Ihr Nervenkostüm nicht durch Misserfolge. Wer handelt, hat Erfolge und natürlich auch Misserfolge. Wichtig ist, wie man Situationen verarbeitet, die nicht erwartungsgemäß gelaufen sind. Hier hilft ein „Reframing" weiter:

Deuten Sie Misserfolge als Lernquelle. Versuchen Sie also, eine positive Einstellung zu einem „Fehlschlag" zu gewinnen. In den meisten Fällen können Sie sicherlich etwas lernen aus einer Präsentation, die Ihr Auditorium langweilte, oder aus einer Diskussionsrunde, in der Sie durch einen Angriff schachmatt gesetzt wurden. Machen Sie Ihr Selbstvertrauen und Ihre Selbstakzeptanz niemals von einzelnen Erfolgen oder Misserfolgen abhängig. Bringen Sie sich selbst gegenüber stets das gleiche Maß an Wertschätzung entgegen und zwar unabhängig davon, ob Sie gerade mit Erfolgen gesegnet sind oder nicht.

5   Bleiben Sie bei Versprechern gelassen

Meine Seminare belegen immer wieder, dass Versprecher oder Verlegenheitspausen von den Teilnehmern überbewertet werden. Kleine Unebenheiten oder sporadische Dehnungslaute zwischen den Sätzen wirken auf den Zuschauer in der Regel nicht so negativ, wie subjektiv vermutet. Niemand erwartet, dass Sie perfekt sprechen. Die Angst vor einer Verlegenheitspause ist in der Regel übertrieben. Bedenken Sie, dass Ihre Zuhörer eine Pause von bis zu drei Sekunden noch als dramaturgisches Mittel interpretieren. Erst eine nicht nachvollziehbare Sprechpause von mehr als sechs Sekunden wird als übermäßig lang und im ungünstigsten Fall als Blackout empfunden. Dieser Effekt ist in der eigenen Phantasie schlimmer als in der Außenwirkung.

Durch Ihre Vorbereitung können Sie die Wahrscheinlichkeit von Verlegenheitspausen minimieren. Wenn es trotzdem zu Versprechern oder Verlegenheitspausen kommt, helfen diese Empfehlungen weiter:
- Prägen Sie sich vorab Ihre Kernbotschaften ein. Sie sind Ihr Rettungsanker, wenn Sie ins Schwimmen geraten. Prägen Sie sich Ihre zentralen Botschaften durch ein Mentaltraining (inneres Visualisieren) ein.
- Spielen Sie vorab den „Advocatus Diaboli": Konfrontieren Sie Ihr Konzept mit der schärfsten denkbaren Kritik. Überlegen Sie, wie Sie auf sachliche Einwände und kritische Fragen reagieren. Vergessen Sie dabei nicht Reaktionen auf unfaire Angriffe oder Fangfragen (siehe 71ff.).
- Spielen Sie für mögliche Pannen („Worst-case-Szenarien") Reaktionen durch, bevor Sie vor Ihr Auditorium treten. Achten Sie darauf, dass diese Reaktionen zu Ihrer Persönlichkeit passen.
- Stichworte auf einem Zettel oder auf Powerpoint-Charts helfen Ihnen, beim roten Faden zu bleiben. Falls Sie mit großem Lampenfieber zu kämpfen haben, können Sie Manuskript und Stichwortkonzept kombinieren (siehe Seite 160).

Praxistipps
- Sprechen Sie sich vorher ein. Wenn Sie vor einem Wortbeitrag länger nicht gesprochen haben, sind Versprecher programmiert. Jeder braucht seine „Betriebstemperatur", um gut zu sprechen (siehe Seite 50f.).
- Sprechen Sie nach einem groben Versprecher den Satz einfach noch einmal.
- Die Aufforderung „Weitersprechen!" hilft auch bei einer kurzen Verlegenheitspause. Bedenken Sie, dass Ihre Zuhörer Ihr Konzept gar nicht kennen. Sie wissen also nicht, welcher Gedanke als nächstes geplant war. Hierbei können Sie zum Beispiel
  - den letzten Gedanken noch einmal aufnehmen: „Darf ich Ihnen den letzten Gedanken noch einmal verdeutlichen …"; „Ich wiederhole noch einmal …"
  - an das Thema des Vortrags/der Diskussion noch einmal erinnern: „An dieser Stelle möchte ich das Thema noch einmal bewusst machen. Worum geht es …"
  - zum nächsten Stichwort übergehen.
  - Falls Sie sich im letzten Drittel Ihres Vortrags oder Ihres Wortbeitrags befinden, können Sie zusammenfassen und in die Diskussion überleiten: „An der Stelle möchte ich die wichtigen Kernpunkte zusammenfassen: erstens …, zweitens …, drittens …" Danach eröffnen Sie die Aussprache.
- Falls Ihnen ein bestimmtes Wort nicht einfällt oder Sie einen Satz nicht zu Ende bringen können, helfen Redewendungen weiter wie: „Lassen Sie mich anders formulieren …"; „Besser ausgedrückt …"; „Mit anderen Worten …" Sie können aber auch den letzten Satz neu beginnen.
- Sie können in vertrauten Szenarien die Verlegenheitspause zugeben.

Wenn man Sie in einem Gremium oder in einem Diskussionszirkel bereits schätzen gelernt hat und Ihre Kompetenz und Glaubwürdigkeit außer Frage stehen, kann eine humorige selbstironische Bemerkung weiterhelfen: „Jetzt ist mir glatt der Faden gerissen …"

Bei einem kleineren Zuhörerkreis können Sie sich mit diesen und ähnlichen Fragen an das Publikum wenden: „Welche Fragen sind entstanden?"; „Welche Erfahrungen haben Sie gemacht mit …?"

5 Überzeugen durch Dialektik
Wie Sie Rede- und Gegenrede meistern

> Baue Deinem Gegner eine goldene Brücke,
> über die er sich zurückziehen kann.
>
> Sun Tsu

Themen dieses Kapitels:

1	Was ist unter „Fried- und Kampfdialektik" zu verstehen?
2	Wie Sie sachliche Einwände gekonnt behandeln
3	Wie Sie unsachliche Taktiken neutralisieren
4	Exkurs: Schlagfertigkeitstechniken

In der externen Kommunikation sind neben rhetorischem Geschick auch dialektische Fähigkeiten gefordert. Je nach Szenario können Sie nämlich mit Einwänden, Gegenpositionen und Kritik der unterschiedlichsten Art konfrontiert werden. Denken Sie zum Beispiel an Journalisten, die Ihnen in Interviews unangenehme Fragen stellen, oder an Umweltschützer, die Sie heftig attackieren und persönlich angreifen. Um für derartige Situationen gewappnet zu sein, lohnt es sich, die eigene Dialektik auf den Prüfstand zu stellen, um Stärken und Verbesserungspotenziale zu erkennen. Im Mittelpunkt dieses Kapitels stehen Praxisempfehlungen, um

- mit sachlichen Einwänden gekonnt umzugehen,
- unfaire Angriffe wirkungsvoll zu neutralisieren sowie
- Möglichkeiten und Risiken von Schlagfertigkeitstechniken besser einschätzen zu können.

Bevor ich die Techniken im Einzelnen vorstelle, sind zwei relevante Begriffe zu erläutern:

1 Fried- und Kampfdialektik

In einer weiten Begriffsfassung beschäftigt sich Dialektik mit der Kunst des sachgerechten Argumentierens im Dialog wie auch mit der Disputierkunst, also mit der Fähigkeit, sich in kontrovers geführten Auseinandersetzungen zu behaupten. Die „ars dialectica" gliedert sich in der Jesuiten-Schulung in zwei Bereiche: Frieddialektik und Kampfdialektik.

Frieddialektik

In der Frieddialektik (= faire Dialektik) steht die sachbezogene, zielgerichtete und faire Argumentation im Zentrum. Diese Form des Miteinanders ist durch eine partnerschaftliche Grundhaltung der Beteiligten sowie durch Sachlichkeit und Dialog gekennzeichnet. Zu einer fairen Argumentation gehört zudem, andere Meinungen wertschätzend zu behandeln (auch wenn dies manchmal schwer fällt!), dem besseren Sachargument den Vorrang zu geben und auf Macht- und Dominanzrituale zu verzichten.

Sie haben die besten Chancen, glaubwürdig zu wirken und zu überzeugen, wenn Sie sich in Rede und Gegenrede durchgängig an den Kriterien fairer Dialektik orientierten. Die Praxistipps zur Einwandbehandlung sowie zur Abwehr unfairer Angriffe sind dieser übergreifenden Orientierung verpflichtet (siehe Seite 71f.).

Kampfdialektik

In der Kampfdialektik geht es darum, in der Argumentation zu siegen, Recht zu behalten und die eigene Position mit allen Mitteln durchzusetzen. Während es in der Frieddialektik nur Sieger gibt, gibt es in der Kampfdialektik Sieger und Verlierer. Dem Kampfdialektiker sind auch boshafte Mittel willkommen, um dem Gegenüber eine Niederlage beizubringen.

Wie Sie sich am besten gegen kampfdialektische Angriffe schützen und auch bei massiven Attacken gelassen und souverän bleiben, erfahren Sie im zweiten Teil dieses Kapitels.

Dabei gilt: Verzichte auf den Sieg, um zu gewinnen (vgl. Lay 1999). Denn: Wer immer siegt, verliert – und zwar seine Mitmenschen und Geschäftspartner.

2 Wie Sie sachliche Einwände gekonnt behandeln

Lassen Sie sich bei Ihrer externen Überzeugungsarbeit durch Einwände* nicht verunsichern. Widerstände, Zweifel und kritische Fragen der Zuhörer gehören zu jedem Überzeugungsversuch. Die dialektische Herausforderung besteht darin, die Einwände so zu behandeln, dass Ihr Gegenüber

---

* Der Begriff „Einwände" umschließt im Folgenden gleichzeitig kritische Fragen, Gegenargumente und andere Auffassungen.

sein Gesicht wahren kann. Wie Sie das psychologisch geschickt umsetzen, zeigt Ihnen dieser Abschnitt.

Zwei Orientierungspunkte

Unabhängig von speziellen Einwandtechniken sind stets zwei übergreifende Punkte zu beachten, die es Ihnen erleichtern, Streitgespräche zu vermeiden:
1. Reagieren Sie positiv und wertschätzend. Respektieren Sie abweichende Meinungen Ihrer Zuhörer. Deren Einwände haben häufig damit zu tun, dass sie andere Interessen verfolgen und eine andere Sicht der Dinge sowie einen anderen (häufig geringeren) Informationsstand haben. Viele der geäußerten Bedenken können Sie allein dadurch ausräumen, dass Sie anknüpfend an den Einwand ruhig und gelassen Hintergrundinformationen bringen. Bemühen Sie sich, sachliche Kritik Ihrer Zuhörer nicht als Angriff auf Ihre Person zu interpretieren.
2. Agieren Sie auch als Beziehungsmanager. Denken Sie daran, dass Sie bei externen Auftritten nicht nur an der Qualität Ihrer Thesen und Argumente („Sachebene") gemessen werden, sondern vor allem auch an der Art und Weise, wie Sie mit abweichenden Auffassungen und Kritik umgehen („Beziehungsebene"). Am besten nehmen Sie Ihre Aufgabe als Beziehungsmanager wahr, wenn Sie mit Einwänden wertschätzend und wirksam umgehen. Vermeiden Sie jede Demonstration von Überlegenheit und Dominanz, weil dies Abwehr erzeugt und die Akzeptanzbereitschaft beim Zuhörer mindert. Denken Sie daran: Jeder Mensch hat ein mehr oder weniger ausgeprägtes Bedeutungsbedürfnis, ein Verlangen nach Bejahung und Wertschätzung. Dies gilt auch für den Fall, dass Ihr Gegenüber Einwände bringt, die auf den ersten Blick sinnlos, unsachlich oder laienhaft wirken.

Phasenkonzept zur Einwandbehandlung

Wie Sie Einwände psychologisch „richtig" und zielwirksam behandeln, zeigt das folgende Phasenkonzept:

Erläuterung der einzelnen Phasen:

1. Aktives (analytisches) Zuhören

Ziel ist es, dem Gegenüber aufmerksames Interesse zu zeigen, den sachlichen Gehalt des Einwandes zu verstehen und zu einem kooperativen Klima beizutragen.

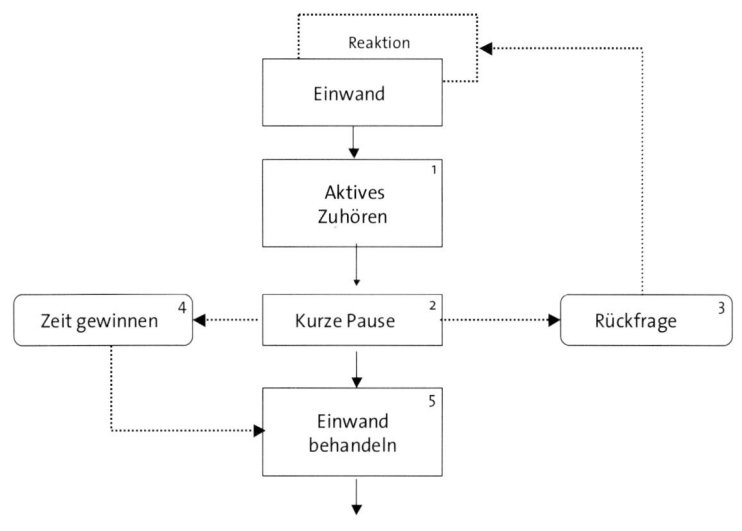

Abbildung 8: Phasenkonzept zur Einwandbehandlung

Spezielle Merkpunkte:
- Bemühen Sie sich, den Kern des Einwands rasch herauszufinden. Überlegen Sie, ob Sie den Einwand überhaupt aufnehmen müssen. Sie können ihn auch lediglich quittieren, ohne näher darauf einzugehen.
- Bleiben Sie ruhig und gelassen: Ruhe im Blick, aufrechte Körperhaltung, keine nervösen Übersprunghandlungen. Im Regelfall ist es empfehlenswert, nicht zu lachen oder zu lächeln, wenn Sie einen Einwand hören.
- Lassen Sie den anderen ausreden.

2. Kurze Pause zum Nachdenken

Dies ist psychologisch ratsam, weil eine zu schnelle Antwort oft den Eindruck vermittelt, mit Standardformulierungen zu arbeiten, nicht zugehört und den Gesprächspartner nicht ernst genommen zu haben.

Eine kurze Pause gibt Ihnen zudem Gelegenheit zu entscheiden,
- ob Sie eine Rückfrage stellen,
- ob Sie auf Zeit spielen oder
- ob Sie den Einwand sofort beantworten wollen.

3. Rückfragen stellen

Die unmittelbare Rückfrage eröffnet Ihnen zunächst die Chance, mit Hilfe des „kontrollierten Dialogs" zu überprüfen, ob Sie den Einwand richtig verstanden haben: „Sie fragen nach den Risiken unseres Engagements in Ostasien ..." Hierbei wiederholen Sie in eigenen Worten die Quintessenz der Äußerung und schauen den Fragesteller dabei freundlich an.

4. Zeit gewinnen (falls notwendig)

Insbesondere bei unerwarteten und unangenehmen Fragen kann es sinnvoll sein, zunächst Zeit zu gewinnen und erst dann den Einwand zu behandeln. Bewährt haben sich hierfür diese Taktiken:
- Sie machen eine Vorbemerkung zum Einwand: „Erlauben Sie mir eine Vorbemerkung ..."; „Zunächst ist festzuhalten, dass ..." Diese Technik ist auch als Genscher-Technik bekannt, weil der Ex-Außenminister in Interviews auf diese Weise seine Kernbotschaften untergebracht hat, ohne auf die Frage des Interviewers einzugehen.
- Sie können den Einwand in einen größeren Zusammenhang stellen: „Ihr Einwand betrifft einen speziellen Aspekt unserer Innovationspolitik. Erlauben Sie mir, den Grundgedanken unserer Strategie zu verdeutlichen ..."
- Sie können aus taktischen Gründen eine Rückfrage stellen: „In Ihrem Beitrag sprechen Sie von Wettbewerbsnachteilen. Darf ich fragen, wie Sie zu dieser Einschätzung kommen?"; "Ich habe Ihren Einwand akustisch nicht verstanden. Würden Sie ihn noch einmal wiederholen?"
- Sie können Brückensätze (siehe Seite 76ff.) nutzen, um nicht „blind" auf Reizthemen anzuspringen und Zeit zu gewinnen. Beispiele: „Ihr Einwand zeigt mir, dass der Grundgedanke unseres Vorschlags noch nicht deutlich geworden ist ..."; „Sie sprechen in Ihrer Frage einen wichtigen Punkt an ..."

5. Einwandbehandlung im engeren Sinne

Im Rahmen fairer Dialektik werden Einwandtechniken angewendet, die den emotionalen Bedürfnissen des Gegenübers genauso Rechnung tragen wie den eigenen Zielen. Hier bewährte Möglichkeiten (mehr dazu z.B. bei Thiele 2003; Lay 1999; Ruede-Wissmann 2003) zur Umsetzung dieser Forderung:
- Verständnis zeigen,
- Technik der bedingten Zustimmung,

- Vorteile-Nachteile-Methode,
- Referenzmethode,
- Verzögerungstechnik,
- Vorwegnahme-Methode.

Verständnis zeigen
Durch diese Reaktion zeigen Sie Einfühlungsvermögen für die Einschätzung, Wünsche und Ängste Ihrer Zuhörer. Verständnis zeigen ist eine wirkungsvolle psychologische Geste, die nichts kostet. Wenn Sie Verständnis für ein Gegenargument signalisieren, bedeutet das nicht, es auch zu akzeptieren. Hieraus kann man relativ leicht eine kooperative Einwandtechnik machen:
- „Ich verstehe die Ängste und Sorgen der Bevölkerung bei der Umsetzung von Hartz IV. Jetzt kommt es darauf an, den Hintergrund verständlich zu machen ..."
- „Ich kann Ihre Sicht der Dinge sehr gut nachvollziehen. Es gibt allerdings Forschungsergebnisse, die uns veranlasst haben, eine andere Strategie zu wählen ..."
- „Ich habe volles Verständnis für Ihr Anliegen und würde es gern realisieren. Wir haben hier jedoch Restriktionen der Regulierungsbehörde zu beachten ..."

Technik der bedingten Zustimmung
Die Logik dieser Technik besteht darin, einen Aspekt des Einwands aufnehmen, dem Sie zustimmen. Sie beginnen Ihre Replik also mit einer Gemeinsamkeit. Daran anknüpfend wird der eigene Standpunkt erklärt, präzisiert oder relativiert.

Formulierungsbeispiele:
- „Im Prinzip stimme ich Ihnen zu. Uns geht es auch um die wirtschaftlichste Lösung ..."
- „Ich bin Ihnen dankbar, dass Sie diesen Punkt ansprechen ..."
- „Das ökologische Argument in Ihrem Einwand hat auch für uns einen hohen Stellenwert. Zwei begrenzende Faktoren dürfen wir jedoch nicht übersehen ..."

Vorteile-Nachteile-Methode
Jede Strategie, jede Problemlösung hat Vorteile und Nachteile, Chancen und Risiken. Wenn Ihr Zuhörer einen berechtigten Nachteil anspricht, ist es ratsam, diesen offen zuzugeben. Dies fördert Ihre Glaubwürdigkeit und mindert durchaus nicht Ihre Chancen zu überzeugen. Wie Abbildung 9 zeigt,

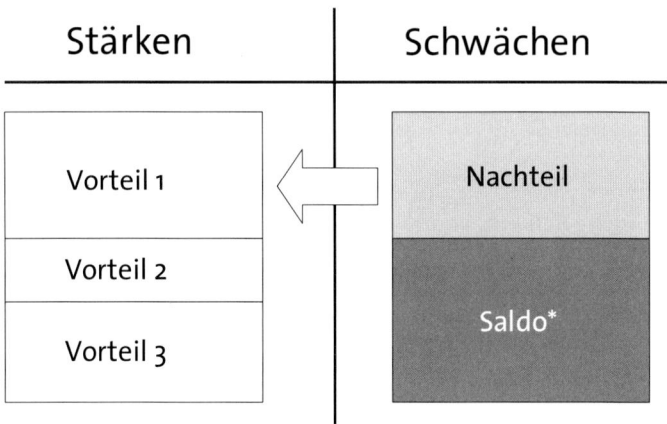

Abbildung 9: Stärken-Schwächen-Bilanz

geht es jetzt darum, auf die Plus-Seite zu wechseln und ausgleichende Vorteile oder Chancen Ihres Vorschlags argumentativ zu entwickeln. Gelingt es Ihnen, die Vorteile beim Zuhörer zu verankern, wird der Saldo aus Vorteilen und Nachteilen eine Entscheidung in Ihrem Sinne begünstigen.

Die Kunst besteht also darin, bei vorgebrachten Nachteilen (Risiken, Schwächen ...) nicht zu resignieren, sondern dazu ein Gegengewicht argumentativ (Vorteile, Chancen usw.) aufzubauen.

Formulierungsbeispiele:
- „Zunächst ist es richtig, dass die Alternative A höhere Kosten mit sich bringt. Allerdings darf nicht übersehen werden, dass ein erheblicher Zusatznutzen damit verbunden ist. Im Einzelnen ..."
- „Zugegeben, es gibt Risiken bei der Endlagerung von strahlendem Material. Wir dürfen jedoch nicht vergessen, welche Vorteile die Kernenergie im Vergleich zu fossilen Kraftwerken bietet ..."

Referenzmethode
Bei dieser Technik argumentieren Sie mit Erfahrungen und Erkenntnissen in vergleichbaren anderen Unternehmen, Organisationen, Ländern oder

mit den Aussagen von Experten und Persönlichkeiten, die aus der Sicht des Publikums eine große meinungsbildende Kraft haben.

Formulierungsbeispiele:
- „Vielen Dank für Ihre Frage. Beim Bau unseres Werkes in Brasilien haben wir die angesprochenen Probleme folgendermaßen gelöst ..."
- „Sie fragen zu Recht nach den Risiken unserer Marktprognose. Wir haben uns auf die Prämissen des Sachverständigenrates und der Wirtschaftsforschungsinstitute gestützt. Die Fachleute gehen davon aus ..."
- „Sie befürchten, dass der Börsengang in dem geplanten Zeitraum nicht zu realisieren ist. Es gibt eine Reihe von Referenzunternehmen, die in ähnlicher Ausgangslage dieses anspruchsvolle Ziel gemeistert haben. Zwei Beispiele ..."

Verzögerungstechnik
Um keine gewagte Antwort zu geben, können Sie den Einwand positiv bewerten und zu einem späteren Zeitpunkt beantworten:
- „Ein wichtiger Aspekt, den Sie da ansprechen. Sind Sie einverstanden, wenn ich Ihre Frage im nächsten Abschnitt meiner Präsentation beantworte?"

Falls Sie überfragt sind:
- „Das ist eine sehr spezielle Frage, auf die ich Ihnen keine gewagte Antwort geben möchte. Ich schlage vor, dass ich Ihre Frage mit unseren Fachleuten kläre und Ihnen kurzfristig eine tragfähige Antwort gebe. Sind Sie damit einverstanden?"

Vorwegnahmemethode
Sie fördern Ihre Glaubwürdigkeit beim Publikum dadurch, dass Sie sich mit dem ein oder anderen Einwand auseinander setzen, den man bei der vorgeschlagenen Problemlösung bringen könnte. Vor allem kritische Zuhörer honorieren in der Regel eine zweiseitige Argumentation.

3 Wie Sie unsachliche Taktiken neutralisieren

Unfaire Angriffe können sich zum einen auf Ihre Person, zum anderen auf Ihre Argumentation richten. Bei Angriffen auf die Person (argumentum ad personam), geht es vor allem darum, Ihre Glaubwürdigkeit, Seriosität und Kompetenz zu erschüttern. Wird die Sachargumentation attackiert, soll die Qualität Ihrer Argumentation infrage gestellt werden. Im Arsenal eines

Eristikers* gibt es eine Fülle kampfdialektischer Taktiken, um die eigene Position durchzusetzen und im Disput zu siegen.

Die folgenden Empfehlungen erleichtern es Ihnen, unfaire Angriffe früh zu erkennen, sie abzuwehren und dennoch den Dialog in Gang zu halten. Hierunter werden vier unsachliche Spielarten behandelt, die dann häufig auftreten, wenn emotional aufgeladene Themen mit kritischen Gruppen diskutiert werden:
- Persönliche Angriffe,
- Killerphrasen,
- Verunsichern und anzweifeln,
- Nebelwerfertaktik und formale Tricks.

Persönliche Angriffe

Diese unfaire Taktik zielt darauf, Sie als Person anzugreifen und Ihr Selbstwertgefühl zu verletzen, damit Sie taktisch in die Defensive geraten und das eigentliche Sachziel aus den Augen verlieren.

Mit Hilfe der folgenden Basistechnik sind Sie in der Lage, persönliche Angriffe, aber auch einen Großteil der übrigen unfairen Spielarten zu neutralisieren.

Argumentations-Aikido – Eine Basistechnik zur Abwehr von Angriffen

Die Selbstverteidigungstechnik Aikido ist eine hilfreiche Metapher, um zu veranschaulichen, wie ein aggressiver Angriff neutralisiert werden kann. Der Grundgedanke: Wenn Sie angegriffen werden, gehen Sie nicht zur Gegenattacke über, sondern lenken die Energie des Angreifers so um, dass er das Gleichgewicht verliert und Sie dadurch taktisch im Vorteil sind. Das bedeutet, bei persönlichen Angriffen gedanklich zur Seite zu treten und die Energie des Angreifers auf die Sache zu lenken. Der Vorteil des Argumentations-Aikido: Sie deeskalieren die Situation und haben das Heft des Handelns auf Ihrer Seite (vgl. auch Fisher/Ury 2000).

---

* Eristik kommt vom griechischen eristike téchne, eigentlich „zum Streit neigende Kunst". Es ist die Kunst des philosophischen Streitgespräches; ursprünglich von Platon und Aristoteles verwendete Bezeichnung für die um des Widerlegens und Rechthabens willen gepflegte Disputierkunst der Sophisten. Bekannte Eristiker des Altertums waren Eukleides von Megara und Eubulides von Milet (Brockhaus 2002).

Beispiele für persönliche Angriffe

- Beleidigungen
„Sie sollten sich bei Ihrem Lebenswandel zurückhalten …"; „Sie sind doch käuflich …"; „Sie sind ein Vollidiot …"

- Unterstellen unlauterer Motive und persönlicher Interessen
„Ihnen geht es doch gar nicht um Umweltschutz, Ihnen geht es doch nur um Ihre Aktionäre"; „Sie sagen bewusst die Unwahrheit …"

- Herabsetzen mit Schlagworten und Ironie
„Erbsenzählerei, was Sie da betreiben"; „Sie stehen mit beiden Füßen fest auf den Wolken"; „Die blinde Anwendung von Herrschaftswissen ist Ihre Botschaft"; „Für Ihre Ausführungen gibt es nur ein Wort: Steinzeitkapitalismus!"

- Schwarze-Peter-Spiele
„Sie als Vorstandsmitglied tragen die alleinige Verantwortung für die Vernichtung von 8.000 Arbeitsplätzen."

Ein Beispiel möge dies verdeutlichen: Sie diskutieren mit Umweltschützern den Bau eines fossilen Kraftwerks. Ein Greenpeace-Aktivist greift Sie frontal an.

Angriff	„Sie haben doch gar kein ökologisches Bewusstsein. In Ihren Augen leuchten doch nur zwei Dollarzeichen. Cash ist Ihre Botschaft."

Sie haben zwei Möglichkeiten, den Angriff auf die Sache zu lenken: Zum einen können Sie eine sachlich orientierte Rückfrage stellen (mit oder ohne Hinweis auf das unfaire Verhalten). Zum anderen haben Sie die Möglichkeit, das Sachthema ins Zentrum zu rücken. Dieser Prozess wird dadurch erleichtert, dass Sie mit so genannten Brückensätzen (siehe Seite 76ff.) arbeiten, die es erleichtern, nicht blind auf Reizthemen anzuspringen, sondern gelassen und ruhig zu bleiben. Hier zwei kommentierte Formulierungsbeispiele, um den Angriff des Öko-Aktivisten auf die Sache zu lenken:

> **Mögliche Reaktionen**
>
> Beispiel 1:
> „Ihr Beitrag zeigt mir, dass die ökologischen Vorzüge dieses Kraftwerks noch nicht deutlich geworden sind. Ich nutze daher gern die Gelegenheit, die entscheidenden Eckpunkte noch einmal zu erklären ..."
>
> *Kommentar:* Sie ignorieren den unfairen Angriff und lenken die Aufmerksamkeit wieder auf die Sache, indem Sie selbst die sachliche Argumentation weiterführen.
>
> Beispiel 2:
> „Auf dieser Ebene kommen wir nicht weiter. Welche Einwände haben Sie in der Sache?"
> oder
> „Ich möchte Ihren unfairen Angriff jetzt nicht kommentieren. Stattdessen lade ich Sie zu einer fairen Argumentation ein. Welche Sachargumente haben Sie?"
>
> *Kommentar:* Sie kennzeichnen den Angriff als unfair und lenken durch die Rückfrage die Aufmerksamkeit des Angreifers auf die sachliche Auseinandersetzung.

In schwierigen Kommunikationssituationen lautet der oberste Grundsatz, gelassen und ruhig zu bleiben. Springen Sie nicht zu schnell auf Reizthemen an, weil dies die Gefahr der Emotionalisierung mit sich bringt. Lassen Sie sich niemals den Grad der Unfairness, die Lautstärke und die emotionale Stimmung vom anderen aufdrängen. Ihr Kopf muss klar und kühl bleiben. Folgende Ausführungen helfen Ihnen in derartigen Situationen.

Ziel, Sachthema und Fairplay als Haltepunkte

In meinen Seminaren und Coachings hat sich das Bild einer „mentalen Autobahn" als außerordentlich nützlich erwiesen, um dialektische Stress-Situationen zu kontrollieren und auf einem sachlichen, zielgerichteten, fairen Weg zu bleiben. Das Grundprinzip dieser Metapher können Sie sich anhand der Abbildung 10 veranschaulichen.

Die grau schraffierte „Autobahn" symbolisiert die sachbezogene und ergebnisorientierte Argumentation. Während Sie mit Ihren Zielgruppen ein Thema diskutieren, bewegen Sie sich mehr oder weniger schnell in Richtung Zielort (Sachziel). Die Leitplanken links und rechts begrenzen den Spielraum eines fairen Miteinanders (Frieddialektik). Wer unfaire Mittel einsetzt, bewegt sich außerhalb dieser Autobahn.

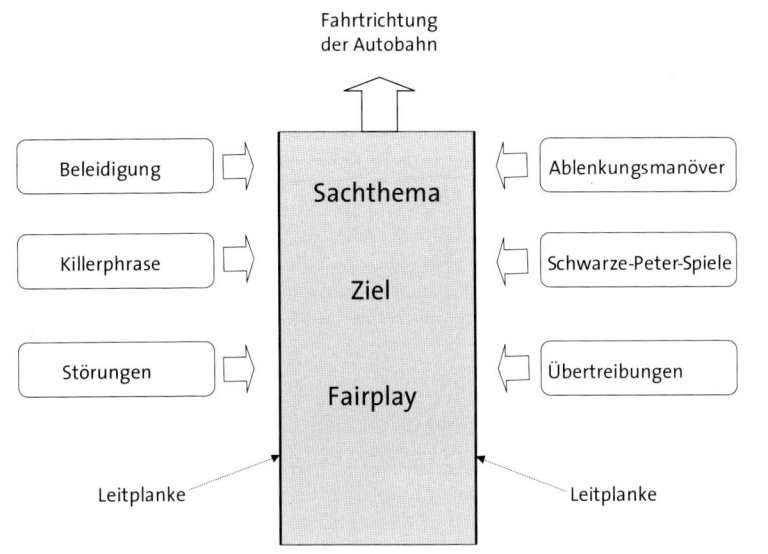

Abbildung 10: Sachthema, Ziel und Fairplay als Haltepunkte

Ihr mentales Programm, mit dem Sie in eine strittige Diskussion gehen, könnte lauten: Ich widme meine Energie und meine begrenzte Zeit ausschließlich dem Sachthema sowie dem Ziel der Veranstaltung und halte mich dabei an das Regelwerk des Fairplay. Dies sind meine „Haltepunkte". Wenn jemand beleidigend wird, einen persönlichen Angriff startet oder in einer anderen Weise die Regeln des Fairplay verletzt, bewegt er sich außerhalb dieses abgesteckten Rahmens (der Leitplanken). Dieser Grundgedanke harmoniert mit dem Argumentations-Aikido. Egal, um welche unfaire Attacke es sich handelt, Sie lenken die Energie des unfairen Gegenübers auf das Sachthema und auf die gemeinsame Zielsetzung. Wenn nötig, erinnern Sie an die Regeln des Fairplay (durch die Blockpfeile symbolisiert). Hierzu nutzen Sie beispielsweise die oben dargestellten Varianten.

Die erwähnten „Brückensätze" haben sich bewährt, um unfaire Angriffe zu neutralisieren und an Souveränität zu gewinnen.

Was sind Brückensätze?

Brückensätze sind spezielle Formulierungen, die nicht den Inhalt, sondern den Prozess betreffen und sich in der Regel klimaförderlich auswirken. Sie fungieren als psychologische Puffer, um den unfairen Angriff zu entschärfen und zur Sache zurückzukehren. Brückensätze helfen Ihnen,
- Zeit zum Nachdenken zu gewinnen und nicht blind auf Angriffe oder Reizthemen anzuspringen,
- gelassen und ruhig zu agieren,
- auf ein Thema zu lenken, das Ihnen entgegenkommt, und
- zur Deeskalation der Situation beizutragen.

Zur Veranschaulichung hier einige Brückensätze zur Neutralisierung einer Killerphrase:

Angriff	„Die Kapitalgeber lehnen Ihr gewagtes Engagement in Ostasien doch völlig ab. Das müssten Sie doch auch wissen."
Reaktion	„Das höre ich zum ersten Mal (Brückensatz!). Ich nutze gern die Gelegenheit, den Hintergrund unserer Asien-Strategie zu erläutern. Es sind drei Entwicklungen, die uns veranlasst haben ..." oder: „Ich weiß nicht, wie Sie zu dieser Einschätzung kommen (Brückensatz). Das Gegenteil ist richtig. Die Ostasien-Strategie ist durchdacht und mit den Kapitalgebern sorgfältig abgestimmt. Ich erinnere an die letzte Pressekonferenz am ..."

Brückensätze können auch mit einer sachbezogenen Rückfrage verknüpft werden.

Angriff	„Ihr Unternehmen steht ja nicht gerade für kundenorientierten Service."
Reaktion	„Das ist eine sehr pauschale Behauptung. Mich würde sehr interessieren, worauf Sie Ihre Aussage stützen" (Brückensatz mit Rückfrage).

Killerphrasen

Bei Killerphrasen versteckt sich Ihr Gegenüber hinter einer puren Behauptung (ohne Beweismittel), die häufig mit großem Nachdruck und im Brustton der Überzeugung vorgetragen wird. Im Kasten finden Sie Beispiele bekannter Killerphrasen.

Killerphrasen

- „Das ist viel zu risikoreich."
- „Solche Neuerungen passen nicht zu den gewachsenen Strukturen."
- „Das dauert viel zu lange."
- „Die Technologie steckt doch noch in den Kinderschuhen."
- „Das sind wenig brauchbare Ansätze, die von Theoretikern entwickelt wurden."
- „Sie schätzen die Widerstände in der Öffentlichkeit völlig unrealistisch ein."

Durch diese Phrasen sollen gute Argumente abgewürgt werden. Killerphrasen werden häufig dann gebracht, wenn den Zuhörern überzeugende Gegenargumente fehlen oder wenn Sie verunsichert werden sollen. Insbesondere ängstliche und unerfahrene Menschen lassen sich durch lautstark vorgetragene Killerphrasen häufig den Schneid abkaufen oder gar mundtot machen.

Abwehrmöglichkeiten: Lassen Sie sich durch Killerphrasen niemals beeindrucken. Durchschauen Sie diese Taktik. Lenken Sie den Fokus auf die fehlenden Beweismittel und Fakten Ihres Gegenübers. Stellen Sie offene Fragen, um dessen Sachargumente genauer kennen zu lernen.

Angriff	„In Ihrem Unternehmen gibt es doch gar keinen Dialog mit der Öffentlichkeit."
Reaktion	„Ihre Feststellung erstaunt mich (Brückensatz). Wie kommen Sie zu dieser Einschätzung?"

Angriff	„Mit dieser Neuerung haben andere Unternehmen doch Schiffbruch erlitten. Wir müssen deren Fehler doch nicht wiederholen."
Reaktion	„Ich weiß nicht, auf welche Informationen Sie sich stützen (Brückensatz). Wo konkret liegen Ihre Bedenken?" oder: „Mit Killerphrasen kommen wir hier nicht weiter. Welche Argumente haben Sie denn in der Sache gegen die Neuerung?"

Verunsichern und anzweifeln

Bei diesem „Test der Sicherheit" versucht Ihr Gegenüber, Sie zu verunsichern und dadurch Ihre Überzeugungswirkung zu mindern. Zu dieser oft verdeckten unfairen Taktik gehört es, Ihre Thesen und Beweismittel anzuzweifeln, (vermeintlich) logische Brüche und Widersprüche in der Argumentation aufzuzeigen oder Sie durch permanentes Rückfragen in Beweisnot zu bringen. Wer in der Abwehr dieser eristischen Taktiken nicht trainiert ist, wird leicht in eine Stress-Situation geraten, die häufig von Unsicherheits- und Verlegenheitsgesten begleitet ist. Dazu zählen zum Beispiel zunehmende Hektik, verspannte Mimik, Unruhe im Blickkontakt oder vermehrtes Äh-Sagen und Stottern.

Wie Sie verunsichernde Spielarten am besten abwehren, soll anhand von zwei Taktiken illustriert werden:
1. Hypothetische und Suggestivfragen,
2. Angriff auf die persönliche Glaubwürdigkeit.

1. Hypothetische und Suggestivfragen

Ihr Gegenüber stellt hypothetische (Wenn-)Fragen, um das Ausmaß Ihrer Selbstüberzeugung zu prüfen und die Überzeugungskraft Ihrer Argumentation zu erschüttern.

Abwehrmöglichkeiten: Springen Sie niemals zu rasch auf hypothetische Fragen an, denn Sie akzeptieren sonst „implizit" die falschen Prämissen, die in der Frage stecken. Prüfen Sie also den Wenn-Satz oder die eingeführte hypothetische Situation anhand der Ihnen vorliegenden Fakten und Zahlen. Zeigen Sie gegebenenfalls, dass die stillschweigenden Voraussetzungen der Frage oder des Einwandes unrealistisch oder unwahrscheinlich sind.

Angriff	„Wie würden Sie argumentieren, wenn in der Bundesrepublik ein GAU wie in Tschernobyl passiert? Wären Sie dann auch noch für Kernenergie?"
Reaktion	„Ein Unglück wie in dem Reaktortyp Tschernobyl kann in der Bundesrepublik nicht passieren. Dies hängt mit den unterschiedlichen Sicherheitsstandards zusammen. Bei unseren Reaktortypen …"

Angriff	„Was machen wir, wenn sich die Umstrukturierung in einem Jahr als Flop herausstellt?"
Reaktion	„Das ist eine sehr pessimistische Entwicklung, die Sie in Ihrer Frage unterstellen. In unseren Prognosen stützen wir uns auf die Zahlen des Sachverständigenrats und der anerkannten Konjunkturforschungsinstitute. Im Einzelnen erwarten wir ..." oder als Rückfrage „Welche Gesichtspunkte bringen Sie dazu, dass die Neuerung scheitern könnte?"

1. Angriff auf die persönliche Glaubwürdigkeit

Bei dieser unfairen Spielart bezweifelt der Angreifer, dass Sie sich mit Ihrem Lösungsvorschlag oder Argument selbst identifizieren, oder er konfrontiert Sie mit negativ besetzten Projekten der Vergangenheit. Bei derartigen Taktiken der Verunsicherung können Sie die erwähnten Brückensätze als Ich-Botschaften nutzen. Hier zwei Formulierungsbeispiele:

Angriff	„Das glauben Sie doch selbst nicht, was Sie da sagen."
Reaktion	„Da muss ich Sie enttäuschen (Brückensatz). Ich bin voll und ganz der Überzeugung, dass dieser Weg Erfolg versprechend ist. Und dies aufgrund von drei Argumenten ..."

Angriff	„Mit dem letzten Projekt XY vor drei Jahren haben Sie doch auch Schiffbruch erlitten. Warum sollte es dieses Mal klappen?"
Reaktion	„Ihre pauschale Feststellung erstaunt mich (Brückensatz). Denn alle am Projekt Beteiligten bestätigen im Nachhinein, dass wir aus der damals sehr schwierigen Situation wichtige Dinge gelernt haben. Im Einzelnen ..."

Nebelwerfertaktik und formale Tricks

Wer Überzeugungsarbeit zu leisten hat, kennt die paradoxe Situation: Ihr Zuhörer hat Ihrer Argumentation nichts entgegenzusetzen – und trotzdem möchte er Ihrem Vorschlag nicht zustimmen. In seiner Beweisnot setzt er nun Taktiken ein, die von der Sache ablenken und eine Entscheidung verhindern sollen: Das Thema wird plötzlich gewechselt, neue Argumente werden vorgetragen, spitzfindige Gegenbeispiele werden konstruiert, drittrangige Kriterien diskutiert. Außerdem können Risiken und Worst-case-Szenarien drastisch dargestellt oder schlechte Erfahrungen anderer Unternehmen oder Länder plötzlich ins Spiel gebracht werden. In dieses unfaire Arsenal gehört auch, den Zeitplan zu kritisieren, die knappe Vorbereitungszeit für dieses komplizierte Thema zu bemängeln oder ergänzende Gespräche mit Fachleuten und anderen Schlüsselpersonen zu fordern.

Abwehrmöglichkeit: Die Metapher des Argumentations-Aikido hilft auch hier weiter. Lenken Sie die Energie des Angreifers auf die Sache und das Ziel zurück. Fassen Sie gegebenenfalls den aktuellen Sachstand zusammen. Fragen Sie Ihr Gegenüber, welche Punkte noch offen sind und wie er den Diskussionsstand einschätzt. In fast ausweglosen Situationen hilft oft eine Frage weiter: „Unter welchen Umständen würden Sie unserem Vorhaben zustimmen?" „Welche Voraussetzungen müssten erfüllt sein, damit Sie zu einer positiven Entscheidung kommen?"

4   Exkurs: Möglichkeiten und Risiken von Schlagfertigkeitstechniken

Wer in der externen Kommunikation mit eloquenten Gesprächspartnern zu tun hat oder mit Angriffen und kritischen Einwänden konfrontiert wird, wünscht sich häufig mehr Schlagfertigkeit. Hierunter wird die Fähigkeit verstanden, im richtigen Moment geistreich, witzig und schnell antworten zu können.

Es gibt eine Reihe mehr oder weniger tauglicher Ratgeber zum Thema „Schlagfertigkeit" (stellvertretend sei auf die Publikationen von Dahms 1995, Ruede-Wissmann 2003 sowie Thiele 2003 hingewiesen). Prüfen Sie die darin angebotenen Techniken daraufhin, inwieweit sie zu Ihrer Persönlichkeit passen und geeignet sind, den Dialog aufrechtzuerhalten. Je mehr es in der externen Kommunikation um Vertrauensbildung und Glaubwürdigkeit geht, umso gefährlicher ist der Einsatz harter Schlagfertigkeitstechniken, weil sich leicht die Fronten verhärten und die Beziehung dauerhaft Schaden nehmen könnte.

Im Folgenden werden fünf wichtige Schlagfertigkeitstechniken vorgestellt, die Sie anregen sollen, Ihr Repertoire zu erweitern:
1. Rückfragen,
2. Übersetzungstechnik,
3. Angriffe umdefinieren,
4. Gerade-Weil-Technik,
5. Umlenken auf die Verfassung des Angreifers.

Rückfragen

Die unmittelbare Rückfrage wirkt stets schlagfertig, verschafft Ihnen eine Atempause und setzt den Angreifer unter einen gewissen Druck, Farbe bekennen zu müssen. Formulierungsbeispiele für diese Variante wurden bereits bei der Abwehr von Killerphrasen (siehe Seite 71f.) vorgestellt.

Übersetzungstechnik

Bei dieser Technik geht es darum, einem verletzenden, negativ besetzten Einwand dadurch zu begegnen, dass Sie ihn in eine Richtung lenken (übersetzen), die Ihnen entgegenkommt. Ein einfaches Mittel hierzu: Sie antworten mit einer positiven Kernbotschaft.

Angriff	„Ihr innovatives Servicekonzept ist doch ein Papiertiger."
Reaktion	„Ich weiß nicht, wie Sie zu dieser Einschätzung kommen (Brückensatz). Das Gegenteil ist richtig: Ich bin stolz auf unser neues Servicekonzept. Ich erläutere Ihnen gern die wichtigsten Vorzüge ..."

Angriffe umdefinieren

Die Kunst bei dieser dialektischen Variante besteht darin, Schlüsselbegriffe oder Aussagen Ihres Gegenübers mit neuen Inhalten zu füllen. Wer Angriffe umdefiniert, wirkt schlagfertig und hat das Heft des Handelns auf seiner Seite.

Angriff	„Sie sind ein Erbsenzähler."
Reaktion	„Wenn Sie unter Erbsenzähler einen Menschen verstehen, der Sorgfalt im Details walten lässt und höchsten Qualitätsstandards verpflichtet ist, dann bedanke ich mich für Ihr Kompliment."

Gerade-weil-Technik

Die Aussage des Gegenübers wird bei dieser Technik umgedreht und je nach Situation ergänzt oder erweitert, sodass daraus eine Argumentation entsteht, die die eigene Position stützt.

Angriff	„Die Unternehmensberatung, die Sie bei der strategischen Neuausrichtung unterstützt hat, kennt sich doch in Ihrer Branche gar nicht aus."
Reaktion	„Gerade deshalb ist sie in der Lage, ohne Betriebsblindheit und Vorurteile an die Probleme heranzugehen und die richtigen Fragen zu stellen. Die externe Beratung bringt ihre Prozesskompetenz mit ein, wir hingegen die gewachsene Fachkompetenz."

Umlenken auf die Verfassung des Angreifers

Bei dieser schlagfertigen Option reagieren Sie nicht, wie es der Aggressor erwartet hat. Vielmehr sprechen Sie seine emotionale Verfassung an. Diese Technik lässt sich aus dem oben beschriebenen Argumentations-Aikido ableiten. Der Vorteil: Ihr Angreifer merkt, dass er mit Ihnen kein unfaires Spiel treiben kann. Egal wie boshaft und aggressiv Ihr Gegenüber wird: Sie schreiben seine Verbalattacke ausschließlich seiner emotionalen Verfassung zu. Dadurch lassen Sie den Angriff nicht an sich heran.

Angriff	„Selten habe ich so ein dummes Zeug gehört."
Reaktion	„Sie haben offenbar eine andere Sicht der Dinge." (dann Rückfrage anschließen) oder „Ihre Aussage zeigt mir, dass Sie Bedenken haben. Welche sind das konkret?"

Angriff	„Sie sind ein Vollidiot!"
Reaktion	„Sie sind offenbar sehr verärgert. Wo liegt Ihr Problem?" (Vorsicht: Kann eskalierend wirken) oder „Sie sind sehr erregt. Worum geht es Ihnen in der Sache?" oder „Ihre Erregung überrascht mich: Worum geht es Ihnen in der Sache?"

6 Zielwirksame Vorbereitung
Ein Muss für Ihre Auftritte

> Suche redlich die Wahrheit im Stillen, bevor Du eine Bühne betrittst. Du weißt, dass Du kein Wort zurückholst?
>
> Chinesische Weisheit

Wie analysiere ich meinen Zuhörerkreis?

1. Wie definiere ich Kernbotschaften und Ziele?
2. Wie sammle ich relevante Inhalte?
3. Wie gewichte und optimiere ich die Inhalte?
4. Wie stelle ich mich auf mögliche Einwände ein?
5. Wie gehe ich konkret vor?

Auch wenn Sie über rhetorisches Können verfügen und Überzeugungstechniken beherrschen, müssen Sie sich gewissenhaft auf das Thema vorbereiten, um Erfolg zu haben: Ihre Vorbereitung erleichtert es Ihnen, Ihr Konzept zuhörerorientiert und zielwirksam zu gestalten sowie Gegenargumente und Einwände rasch einzuordnen und wirksam zu beantworten. Sicherheit in der Sache schafft zudem mehr Spielraum für schlagfertige Antworten und mehr innere Sicherheit in schwierigen Situationen.

Hinweis

Um nicht für jede Überzeugungssituation deren Vorbereitung beschreiben zu müssen, sind in diesem Kapitel die Gemeinsamkeiten des Vorbereitens auf Überzeugungssituationen dargestellt. In den Kapiteln 7 bis 12 werden ergänzend die Besonderheiten beim Vorbereiten der jeweiligen externen Anwendungssituation (Vortrag, Diskussion, Interview usw.) behandelt.

Bei der Vorbereitung geht es in erster Linie darum, eine „maßgeschneiderte" Überzeugungsstrategie für das betreffende Szenario zu entwickeln. Bewährt hat sich ein mehrstufiges Vorgehen, das in der folgenden Übersicht dargestellt ist.

Phasen der Vorbereitung

Vorüberlegungen
1. Zuhörer (Zielgruppe, Publikum ...) analysieren
2. Kernbotschaften und Ziele festlegen

Konzept erarbeiten
3. Inhalte sammeln
4. Inhalte gewichten und optimieren
5. Einwände sammeln/Reaktionen durchdenken
6. Vorgehensweise planen

1 Wie analysiere ich meinen Zuhörerkreis?

Wenn Sie beispielsweise die „Innovationsstrategie" Ihres Unternehmens präsentieren, werden Sie je nach Zielgruppe unterschiedliche Schwerpunkte setzen:
- Vor Analysten oder Aktionären werden Sie vermutlich Renditeerwartungen, Return on Investment und andere finanzwirtschaftliche Kriterien in den Mittelpunkt stellen.
- Präsentieren Sie das Thema vor der Geschäftsführung eines Kunden, werden Sie eher mit dem Nutzen der Strategien argumentieren, beispielsweise im Hinblick auf Qualitätsverbesserung, Effizienzsteigerung oder Kostensenkung.
- Bei einem Vortrag vor Mitarbeitern Ihres Unternehmens werden Sie wahrscheinlich die besonderen Chancen der Innovationen für die Sicherung der Arbeitsplätze am Standort und die Verbesserung der Wettbewerbsfähigkeit in den Vordergrund stellen.

Unverzichtbar ist also eine Zielgruppenanalyse, die Ihnen wichtige Kriterien für Auswahl und Gewichtung der Inhalte sowie für den Aufbau Ihrer Überzeugungsstrategie liefert. Demotivierende, langweilige und uninteressante Beiträge ergeben sich zumeist dadurch, dass es dem Vortragenden nicht gelingt, den Nerv und die vitalen Bedürfnisse des Publikums zu treffen.

Eine unverzichtbare Voraussetzung für Ihren Erfolg bei Vorträgen und den übrigen Standardsituationen besteht also darin, den Zuhörerkreis dort abzuholen, wo er steht: bei seinen Erwartungen und Wünschen, bei seiner fachlichen Spezialisierung wie auch bei seinen Einstellungen, Interessen und Entscheidungskriterien. Es reicht nicht aus, wenn die Argumentation Ihren eigenen Maßstäben genügt. Wichtiger ist, dass sie dem Kunden überzeugend erscheint. Dies setzt bei Ihnen die Fähigkeit zum Perspektivenwechsel voraus.

Fragenkatalog* zur Zuhöreranalyse

Welche Anspruchsgruppen nehmen teil?
- Finanzmarkt (z.B. Aktionäre, Analysten, Bankenvertreter)
- Absatzmarkt (z.B. Kunden, Handel)
- Beschaffungsmarkt (z.B. Personal, Lieferanten)
- Akzeptanzmarkt (z.b. Medien, Journalisten, Politik, gesellschaftliche Gruppen)

Wie setzt sich der Zuhörerkreis zusammen?
- Wer nimmt teil? (Ressort, Hierarchie, Kompetenzen)
- Wie viele Personen nehmen teil?
- Welchen fachlichen Hintergrund haben die Zuhörer?

Welche Erwartungen und Vorkenntnisse hat der Zuhörerkreis?
- Was sind die Entscheidungskriterien der Zuhörer?
- Welche Interessen, Werte und Einstellungen haben sie?
- Welchen Nutzen kann ich den Zuhörern bieten?
- Welche Vorkenntnisse kann ich voraussetzen?
- Welches Niveau ist angemessen?

Welche Einstellungen haben meine Zuhörer?
- Wie stehen meine Zuhörer vermutlich zu dem Sachthema?
- Mit welchen Einwänden, mit welcher Kritik muss ich rechnen?

* Einen stärker differenzierten Fragenkatalog für die Analyse der verschiedenen Zielgruppen finden Sie im Anhang (Seite 207ff.)

2 Wie definiere ich Kernbotschaften und Ziele?

Anknüpfend an die Ergebnisse der Zuhöreranalyse ist jetzt zu fragen, welche Kernbotschaften* Sie Ihren Adressaten vermitteln wollen.

---
* Weitere Details zum Thema „Kernbotschaften" finden Sie in Kapitel 2.

Bei einigen Anlässen externer Kommunikation, zum Beispiel bei Vorträgen, ist es lohnend, die Quintessenz der Ausführungen möglichst auf wenige Kernaussagen zu reduzieren. Frage: Welche drei bis fünf Botschaften will ich bei meinen Zuhörern verankern? Thilo von Trotha (2002) formuliert ein noch strengeres Selektionskriterium, um die Kernaussage herauszufinden: Sie ist „die alles zusammenfassende, auf das Wichtigste reduzierte Kurzfassung, die morgen als Headline über dem Zeitungsartikel stehen soll, der über die Rede berichtet."

Mit den Zielen legen Sie fest, was Sie beim Gegenüber erreichen wollen. Dabei ist es sinnvoll, zwischen Sach- und Beziehungszielen zu unterscheiden.

Beispiele für Sachziele:
- Problembewusstsein schaffen,
- Kernbotschaften vermitteln,
- Akzeptanz schaffen,
- Sachliche Einwände behandeln,
- Kompromiss bewirken,
- Entscheidungen herbeiführen.

Da es in allen Überzeugungssituationen zahlreiche Unwägbarkeiten gibt, sollten Sie Ihre Flexibilität beim Argumentieren erhöhen. Dies können Sie beispielsweise dadurch erreichen,
- dass Sie ein Minimalziel (Was will ich mindestens erreichen?) und ein Maximalziel (Was will ich maximal erreichen?) definieren und
- dass Sie Teilzugeständnisse von vornherein einplanen. Die Maxime des Harvard-Konzepts „Weg von 100-Prozent-Positionen hin zu beweglichen Interessen" ist hierbei ein nützlicher Grundsatz.

Neben diesen sachlichen Zielen gibt es auch Beziehungsziele. Hierbei geht es vor allem um die Frage, wie Sie Ihre Argumente, Ihr Produkt und Ihr Unternehmen durch Ihr Auftreten, Ihr Kommunikationsverhalten und durch Ihre Darstellung aufwerten können. In diesem Zusammenhang spielt das „Beziehungsmanagement" eine große Rolle.

Beispiele für Beziehungsziele:
- Den eigenen Sympathiewert fördern,
- Glaubwürdigkeit und Vertrauen aufbauen,
- Dialogfähigkeit zeigen,
- Beziehung zu Schlüsselpersonen entwickeln,
- Image des eigenen Unternehmens steigern.

3 Wie sammle ich relevante Inhalte?

Um keine wichtigen Gesichtspunkte zu übersehen, können Sie zunächst Ihr Thema nach Sachbereichen (Aspekten) aufschlüsseln, also etwa nach wirtschaftlichen, technologischen, juristischen oder anderen Kriterien. Hierbei hilft Ihnen folgende Merkstütze:

ETHOS – Ein Instrument zur Spektrumanalyse (vgl. Thiele 2003)

Die Merkstütze ETHOS erleichtert Ihnen eine umfassende Spektrumanalyse. Die fünf Dimensionen von ETHOS verdeutlichen, dass unternehmensbezogene Themen prinzipiell aus fünf verschiedenen Blickwinkeln gesehen werden können.

Diese Arbeitshilfe erleichtert es Ihnen,
- die wesentlichen Aspekte des diskutierten Themas sichtbar zu machen,
- die relevanten Informationen (Fakten, Daten, Argumente, anschauliche Beispiele, Alleinstellungsmerkmale usw.) zu sammeln und zu gliedern,
- die aus der Sicht des Zuhörerkreises relevanten Inhalte auszuwählen.

Spektrumanalyse

E = Economic (Wirtschaftliche Aspekte)
T = Technical (Technische Aspekte)
H = Human (Menschliche Aspekte)
O = Organizational (Organisatorische Aspekte)
S = Social (Umweltaspekte)

Erläuterung:

Economic: steht vor allem für die Sicht des Kaufmanns, des Analysten oder des Aktionärs. Hier geht es um Bewertungsmaßstäbe wie Umsatz, Kosten, Gewinn, Deckungsbeiträge, Wirtschaftlichkeit, Return on Investment bis hin zu Themen wie Marktchancen, Unternehmensstrategie, Marketing, Motivation und Führung (siehe auch Seite 207ff.).

Technical: repräsentiert die Perspektive des Ingenieurs und Technikers. Schaut man durch die Brille dieser Personengruppe, so stehen ingenieurwissenschaftliche Beurteilungskriterien im Vordergrund. Dazu gehören beispielsweise technische Machbarkeit, „Stand der Technik", verfahrens- oder elektrotechnische Fragen.

Human: symbolisiert die Sicht des Menschen. Diese Dimension umfasst vor allem die Perspektive der Kunden, der Mitarbeiter wie auch der Öffentlichkeit.

Organizational: kennzeichnet die organisatorischen Aspekte der Thematik. Dazu gehört beispielsweise die Frage, mit welchen operativen Schritten die Problemlösung realisiert und mögliche Schwierigkeiten bewältigt werden können.

Social: steht für die Umweltaspekte des Themas und ökologische Bewertungsmaßstäbe. Zu dieser Dimension gehören auch die politischen, juristischen, geographischen, demographischen und sonstigen Rahmenbedingungen.

Lassen Sie sich bei der Suche nach Argumenten (= Beweismitteln) von ETHOS inspirieren. Wichtig ist, dass Ihre Argumente aus der Sicht Ihrer Zuhörer tragfähig sind und vermutlich eine hohe Akzeptanz bei ihnen finden werden.

Für die Überzeugungsarbeit haben Nutzenargumente einen sehr hohen Stellenwert. Die folgenden Fragen erleichtern Ihnen deren Sammlung:
- Welchen Nutzen bietet mein Lösungsvorschlag für die Wünsche und Probleme der Zuhörer?
- Welchen Zusatznutzen bietet der Lösungsvorschlag?
- Was ist der USP* Ihres Vorschlags? Das heißt: Wo hat er einzigartige und unverwechselbare Merkmale im Vergleich zu konkurrierenden Lösungen?
- Mit welchen anschaulichen Beispielen, erfolgreichen Referenzprojekten, Zahlen über die Akzeptanz am Markt usw. lässt sich die Nutzenargumentation untermauern?

---

* Die „Unique Selling Proposition" = USP umfasst die Alleinstellungsmerkmale Ihres Unternehmens oder einer Problemlösung. Was können Sie besser als andere? Bei welchen Produktmerkmalen oder bei welchen Kernkompetenzen sind Sie überlegen? Was ist das Besondere, das Neue des präsentierten Angebots? Falls Sie mit internen Gremien Konzepte oder Lösungsvorschläge diskutieren, lautet die Frage: In welcher Hinsicht ist Ihr Vorschlag besser als konkurrierende Ansätze? Den Gedanken des USP können Sie auch auf Ihre eigenen Fähigkeiten und Persönlichkeitsmerkmale beziehen: Was können Sie besser als andere? Was sind die besonderen Vorzüge Ihrer Überzeugungsfähigkeiten?

4 Wie gewichte und optimiere ich die Inhalte?

Wenn die relevanten Inhalte gesammelt sind, ist zu überlegen, welche Informationen vermutlich die größte Überzeugungskraft beim Zuhörer haben. Darüber hinaus ist es in der Regel notwendig, Menge und Niveau der Inhalte auf das Maß zu reduzieren, das Ihr Gegenüber in der begrenzten Zeit verarbeiten kann. Mindestens sollten Sie diejenigen Inhalte aussondern, die nicht zum Thema gehören und die den Zuhörerkreis (wahrscheinlich) überfordern.

Eine ABC-Analyse erleichtert es Ihnen, die richtigen Prioritäten zu setzen. Notieren Sie auf Ihren Kärtchen mit den gesammelten Informationen die Buchstaben A, B oder C.

Dabei bedeuten:

A = Muss-Inhalte

Dies sind Kerninformationen, die in jedem Falle dargestellt werden müssen. Hierzu gehören zum Beispiel Nutzenargumente, Referenzobjekte oder

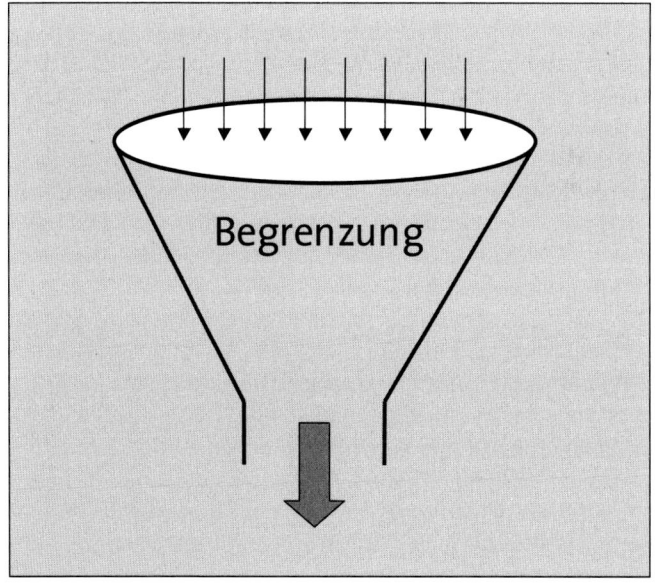

Abbildung 11: Informationen begrenzen

technische Produktmerkmale, die vermutlich beim Gegenüber eine hohe Überzeugungskraft haben.

Zwei Kontrollfragen helfen Ihnen, die Kerninformationen herauszufinden:
1. Wie würde ich die Quintessenz meiner Argumentation in einer Minute zusammenfassen?
2. Welche drei bis vier Argumente sollen im Langzeitgedächtnis der Zuhörer bleiben?

B = Soll-Inhalte

Diese Randinformationen sollen gebracht werden. Sie haben die Funktion, die Schlüsselargumente motivierender, verständlicher, einprägsamer und überzeugender darzustellen. Dies geschieht etwa durch praktische Beispiele, Vergleiche und Fälle, durch Wiederholungen oder mit Hilfe von Medien.

C = Kann-Inhalte

Zu dieser Kategorie gehören Hintergrundinformationen („nice to know it"), die – falls die Zeit bleibt – dargestellt werden können. Beispiele für diese Kategorie sind detaillierte Informationen zur Geschichte und zum Leistungsangebot des eigenen Unternehmens, eingehende Informationen zur Vorgeschichte eines Projekts, technische Detailinformationen, Stimulanzien und auflockernde Elemente, die der Dramaturgie dienen, Sinnsprüche, Anekdoten oder persönliche Erfahrungen.

Die Unterteilung nach Kern-, Rand- und Hintergrundinformationen erleichtert Ihnen die Vorbereitung unter Zeitdruck und gibt Ihnen in der Überzeugungssituation mehr Flexibilität, denn Sie wissen jederzeit, welches Ihre Muss-Inhalte sind.

5 Wie stelle ich mich auf mögliche Einwände ein?

Es fällt leichter, Einwände und kritische Fragen zu behandeln, wenn man sich darauf eingestellt hat. Tragen Sie daher mögliche Gegenargumente und Einwände sowie denkbare unsachliche Reaktionen Ihrer Zuhörer zusammen. Überlegen Sie sodann in einem zweiten Schritt Gegenargumente und Strategien zu deren Behandlung. Mit folgendem einfachen Schema können Sie diese Überlegungen strukturieren.

Schema zur Vorbereitung auf mögliche Einwände

Einwände	Reaktionen
1. Sachliche Einwände	1. Auf sachliche Einwände
2. Unsachliche Einwände	2. Auf unsachliche Einwände

6 Wie gehe ich konkret vor?

In diesem abschließenden Schritt geht es darum, aus den gesammelten Inhalten ein Konzept zu entwickeln: Welche Vorgehensweise verspricht im Hinblick auf meine Zielsetzung und die aktuelle Überzeugungssituation den größten Erfolg?

Wie Sie dabei vorgehen können, erfahren Sie in den Kapiteln 7 bis 12.

II

Best Practices für externe Standardsituationen

7 Statements
Kernaussage in 30 Sekunden auf den Punkt bringen

> Denke wie wenige und
> sprich wie alle.
>
> Franz Josef Strauß

Dieses Kapitel behandelt im Einzelnen:

1 Bedeutung der Fernsehrhetorik
2 Überzeugungswirkung beim Publikum
3 Die Zeit ist knapp – Statements im Fernsehen
4 Aufbaupläne für Statements
5 Wissensmodule – Ihre „Inseln im Wasser"

1 Bedeutung der Fernsehrhetorik

Fünf Millionen Menschen schalten Woche für Woche ein, wenn Sabine Christiansen am Sonntagabend zum Polit-Talk einlädt. Größen aus Politik, Wirtschaft und Gesellschaft diskutieren dann in der meistgesehenen TV-Gesprächsrunde Deutschlands aktuelle Themen – und nutzen dabei kräftig die Gelegenheit, ihr Image zu fördern. Die Bedeutung medialer Präsenz ist inzwischen so groß geworden, dass ein Politikerauftritt bei Sabine Christiansen oder Maybrit Illner für die Meinungsbildung einen höheren Stellenwert genießt als eine Bundestagsdebatte. Und die TV-Duelle zwischen George W. Bush und John Kerry haben erneut gezeigt, dass Fernsehrhetorik und persönliche Wirkung der Akteure Wahlausgänge maßgeblich mitentscheiden.

Auch Führungskräfte aus der Wirtschaft sollten die „Bühne Fernsehen" beherrschen. Denn über Medienauftritte erhalten Unternehmen ein Gesicht bei Zielgruppen und Marktteilnehmern: Heinrich von Pierer ist Siemens, Jürgen Schrempp ist DaimlerChrysler und Bill Gates ist Microsoft. Nur wer wirkungsvolle TV-Präsenz mitbringt, hat die Chance, das Image und das Vertrauen ins Unternehmen zu stärken. Auch die eigene Rolle als Führungskraft kann nachhaltig gefördert werden.

Die Kapitel 7 bis 9 zeigen Ihnen, wovon Ihre Wirkung bei Fernsehauftritten abhängt. In diesem Kapitel geht es neben übergreifenden Aspekten zu Auftritten in Funk und Fernsehen um die Frage, wie Sie Statements publikumswirksam formulieren. Wer Statements auf den Punkt bringen kann, beherrscht eine Fähigkeit, die auch für andere Standardsituationen von großer Bedeutung ist, zum Beispiel für Pressekonferenzen oder die Krisenkommunikation.

2 Überzeugungswirkung beim Publikum

Die folgenden Spielregeln erleichtern es Ihnen, eigene Stärken und Verbesserungspotenziale zu erkennen. Dies ist ein wichtiger erster Schritt, um die persönliche Medienkompetenz gezielt weiterzuentwickeln. Ein weiteres Element muss jedoch hinzukommen: das dauerhafte Training. Dabei steht die Simulation konkreter Managerauftritte im Mittelpunkt professioneller Medientrainings.

Fernsehjournalist Ullrich Kienzle hat seine Empfehlungen für erfolgreiche Managerkommunikation im Fernsehen auf sechs Kernbotschaften verdichtet:

Sechs Gebote für TV-Auftritte

- Was nicht sofort verstanden wird, wird nie verstanden.
- Eine einfache Sprache ist das Erfolgsrezept.
- Eindrücke wirken stärker als Gedanken.
- Die Vereinfacher sind erfolgreich.
- Das Fernsehen hat alles – nur keine Zeit.
- Wer sympathisch wirkt, der hat auch Recht.

Sympathie und emotionale Glaubwürdigkeit (siehe Kapitel 1) sind offenbar die entscheidenden Faktoren für die überzeugende Wirkung. Ob Sie allerdings als sympathisch, attraktiv und intelligent über den Fernsehschirm kommen oder nicht, entscheidet sich bereits in den ersten Sekunden Ihres Auftritts. Ganz wichtig ist es deshalb, positiv gestimmt und freundlich vor die Kamera zu treten, mit ruhigem Blick und sparsamen Bewegungen. Lehrreiche Vorbilder in dieser Hinsicht sind Bill Clinton und Helmut Schmidt. Beide Persönlichkeiten nehmen durch ihre „Bühnenpräsenz" und Gelassenheit von vornherein für sich ein. Mit Zuversicht und Optimismus sollte man ein Interview auch verlassen: Legen Sie sich vorab einen einprägsamen Gedanken, ein motivierendes Motto oder einen zukunftsweisenden Appell zurecht. Auch der letzte Eindruck, den ein TV-Zuschauer von Ihnen erhascht, sollte ein guter sein.

„Denke wie wenige und sprich wie alle!", hat Franz Josef Strauß einmal gesagt – und damit den entscheidenden Leitsatz der Fernsehrhetorik auf den Punkt gebracht. In diesem flüchtigen Medium können Inhalte nun einmal nicht nachgelesen werden. Was nicht sofort verstanden wird, wird nie verstanden. Franz Josef Strauß wusste um die Wichtigkeit einer geläufigen, den Zuhörern angepassten Sprache.

Bei TV-Auftritten sollten Sie rasch auf den Punkt kommen sowie in kurzen Sätzen klar und einprägsam sprechen. Die Kunst besteht darin, beim Zuschauer ein „Kopfkino" zu erzeugen. Dies gelingt durch anschauliche Bilder und Vergleiche aus der unmittelbaren Erfahrungswelt des Publikums. Sie helfen dadurch, Kernbotschaften beim Zuschauer zu verankern. Unabdingbar ist, dass Sie möglichst frei sprechen und bei wichtigen oder schwierigen Inhalten betont langsamer reden. Nichts kommt schlechter an als Schnellsprecher und „Äh-Sager". Legen Sie deshalb häufig Pausen ein, um strukturiert formulieren zu können. Ausdrücke wie „eigentlich", „vielleicht", „irgendwie" oder „ich will mal sagen" werden auch „Weichmacher" genannt, weil sie Ihre Überzeugungswirkung schwächen und Ihrem Gegenüber Angriffsflächen öffnen. Im Fernsehen sichern Ihnen einfache und plakative Aussagen Aufmerksamkeit: Als Edmund Stoiber und Gerhard Schröder 2002 im TV-Duell gegeneinander antraten, wiederholte der Kanzler immer und immer wieder eine klare und unmissverständliche Botschaft: „Wir werden keine Soldaten in den Irak schicken." Der Herausforderer musste bei dieser Frage differenzieren. Punkten konnte er damit nicht.

Hinweis

Wenn eine Redaktion oder ein Journalist wegen eines Statements, eines Interviews oder einer Diskussionsrunde anfragen, werden Sie in der Regel ein Vorgespräch mit dem Sender führen, um die Anfrage zu analysieren und Chancen und Risiken eines Medienauftritts beurteilen zu können. Im Anhang auf Seite 188ff. finden Sie dazu eine differenzierte Checkliste: Was ist grundsätzlich bei Medienauftritten zu klären?

3   Die Zeit ist knapp – Statements im Fernsehen

Das Fernsehen hat alles – nur keine Zeit. Deshalb ist ein hinreichendes Zeitgefühl unabdingbar: Wenn Sie beispielsweise zu einem aktuellen Ereignis eine Stellungnahme abgeben müssen, beträgt Ihr Zeitbudget in der Regel nicht mehr als 30 Sekunden. „Was kann Ihr Unternehmen besser als der Wettbewerb?" Versuchen Sie einmal im Selbsttest mit Aufnahmegerät und Stoppuhr, eine entsprechende 30-Sekunden-Botschaft zu formulieren. Sie werden merken, wie schwierig das ist, und rasch erkennen, das nur durch regelmäßiges Üben Fortschritte zu erzielen sind. Das „Statement" ist eine Standardsituation auf der Fernsehbühne und sollte daher von jedem Manager beherrscht werden. Bei dieser Schlüsselkompetenz geht es darum, in 15 bis 30 Sekunden eine Stellungnahme auf den Punkt zu bringen. Dabei ist die Komplexität eines Themas auf kurze, anschauliche und einprägsame Kernbotschaften (siehe Kapitel 2) zu reduzieren.

Kommen Sie beim Statement sofort zur Sache und verzichten Sie auf die Anrede des Fragestellers. Sympathie gewinnen Sie mit einem freundlichen

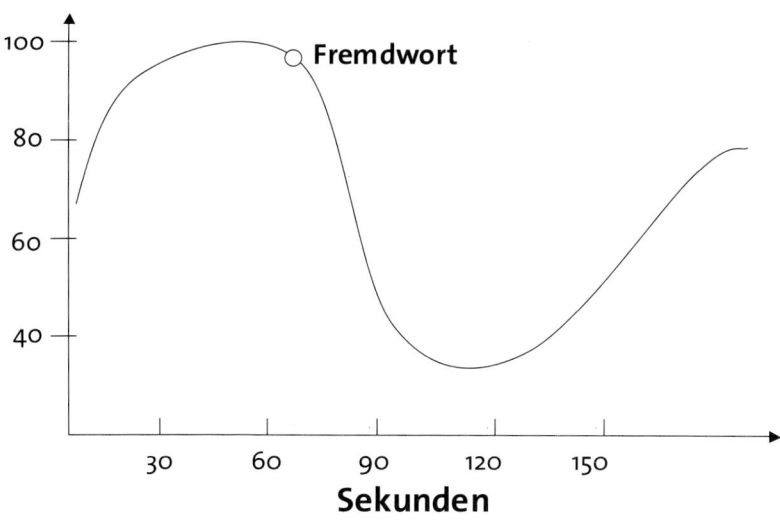

Abbildung 12: Verlauf der Aufmerksamkeit in einem Interview mit Fachausdruck oder Fremdwort (Quelle: Friedrichs 2001)

Lächeln, das allerdings in Krisensituationen selbstverständlich nicht angebracht ist. Je kürzer das Statement, desto deutlicher muss es Wort für Wort formuliert werden. Es fördert Ihre subjektive Sicherheit, wenn Sie Statements gezielt vorbereiten: Bei der Strukturierung hilft häufig der einfache Dreisatz „Kernaussage – Argumentation – Verstärkung der Kernbotschaft".

Ungewöhnliche Fremdwörter und Fachausdrücke sollten vermieden oder erklärt werden. Es besteht die Gefahr, dass Fachwörter wie „Kostendegression", „Deregulierung", „Portfolio" oder „Cashflow" beim Zuhörer ein Verständnisproblem oder eine Blockade verursachen, sodass die nächsten Sätze nicht mehr aufgenommen werden. Erst nach einigen Sekunden hören die Adressaten wieder zu. Diesen Prozess symbolisiert Abbildung 12.

Spezielle Empfehlungen

- Beschränken Sie die Komplexität auf wenige Botschaften und Beispiele. Sie sollten Ihre Botschaft in 15 bis 30 Sekunden übermittelt haben. Das sind etwa 7 bis 8 Schreibmaschinenzeilen. Faustregel: 15 Zeilen = 1 Minute.
- Halten Sie Ihre Sprache so einfach wie möglich: kurze Sätze, keine Abkürzungen, kein Fachchinesisch und möglichst wenige Fremdwörter.
- Benutzen Sie möglichst Ihre eigenen Formulierungen. Bleiben Sie natürlich!
- Verwenden Sie ein imageförderndes Vokabular, das positive Assoziationen beim Zuhörer weckt.
- Zeigen Sie Verständnis für die Anliegen, Ängste und Probleme der Zuschauer.
- Je kürzer das Statement, desto wichtiger ist es für Sie, es Wort für Wort zu formulieren.
- Beim Statement gilt immer: Blick in die Kamera. Bei späteren Nachfragen und beim Interview schauen Sie Ihren Interviewpartner an.
- Unterstreichen Sie Ihre Aussagen durch angemessene Mimik und Gestik.
- Nutzen Sie Aufbaupläne für die Strukturierung von Statements.

4 Aufbaupläne für Statements

Erfahrungsgemäß bereitet es Ungeübten große Schwierigkeiten, eine Stellungnahme zu einem komplexen Thema in einer halben Minute abzugeben. Gerade Fachexperten und technisch orientierte Manager haben häufig ein schlechtes Gewissen, wenn sie „Oberflächeninformation" in einem 30-Sekunden-Statement unterbringen sollen.

Bei der Abgabe von Statements ist es ratsam, die Vorteile der Fünfsatztechnik* zu nutzen. Bei Stellungnahmen in Funk und Fernsehen bietet sich häufig der folgende einfache Standardaufbau an:

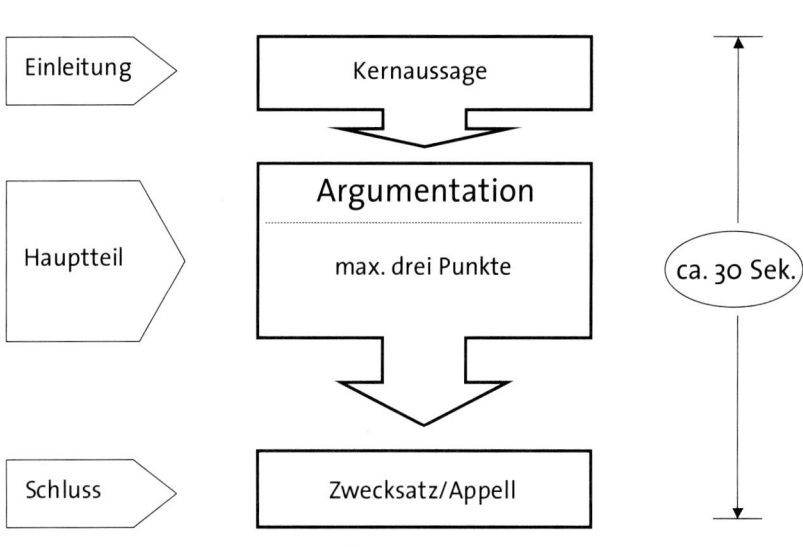

Abbildung 13: Standardaufbau eines Statements

---

* „Fünfsätze" sind Strukturpläne für zielgerichtetes Argumentieren. Sie sind darauf gerichtet, die eigene Meinung in fünf Schritten zu formulieren. Im Anhang (Seite 184ff.) finden Sie die wichtigsten Fünfsatzvarianten (siehe hierzu Geißner 1993; Thiele 2003).

Erläuterung:

- Einleitung: Die Kernaussage am Anfang
Hierbei formulieren Sie Ihren Standpunkt zu dem Problem oder zu der gestellten Frage. Die Zuhörer sollte in wenigen Sekunden erkennen, wie Ihr Unternehmen zu der angesprochenen Thematik steht.

- Hauptteil: Die Argumentation im mittleren Teil
Beschränken Sie sich auf maximal drei Punkte. Diese Zahl passt am besten zur begrenzten Aufnahmefähigkeit der Zuschauer/Zuhörer. Das können beispielsweise Fakten, Zahlen, Referenzen oder anschauliche Beispiele sein.

- Schluss: Der Zwecksatz, Appell oder Ausblick
Hierbei geht es darum, die eigene Position noch einmal zu verstärken, auf einen wichtigen Zukunftsaspekt hinzuweisen oder einen Appell an die Zuschauer/Zuhörer zu richten.

Hinweis

Wenn Sie sich aus taktischen Gründen in Ihrer Stellungnahme nicht festlegen wollen, können Sie andere Fünfsätze nutzen (siehe Seite 184ff.).

Übung: Statements punktgenau formulieren

Aufgabe:
Erarbeiten Sie mit Papier und Bleistift zu einem der folgenden Themen ein 30-Sekunden-Statement. Nehmen Sie sich für die Vorbereitung etwa fünf Minuten Zeit. Sprechen Sie anschließend Ihr Statement auf Tonband.
- Wo liegen Alleinstellungsmerkmale Ihres Unternehmens?
- Wie stehen Sie zur Agenda 2010?
- Soll die Türkei in die EU?
- Wie stehen Sie zum Transrapid?

Kontrolle:
Überprüfen Sie nach der Tonbandaufnahme, inwieweit Sie
- die 30 Sekunden eingehalten haben,
- den Inhalt logisch aufgebaut haben und
- mit Ihrer Stimme und Sprechtechnik zufrieden sind.

Wer in den Medien erfolgreich sein will, sollte so oft wie möglich die Fähigkeit trainieren, kurze, klare und anschauliche Statements in etwa 30 Sekunden so einfach und logisch zu erklären, dass sie von jedem Zuschauer/Zuhörer verstanden werden.

Wiederholen Sie diese Übung, bis die Ergebnisse Ihren Anforderungen genügen. Im Anhang finden Sie weitere Übungsangebote für Statements (siehe Seite 178ff.).

5 Wissensmodule – Ihre „Inseln im Wasser"

In der externen Kommunikation kann es Ihnen passieren, dass Sie mit überraschenden Fragen konfrontiert werden. Wenn Sie keine Notprogramme bereithalten, können Sie leicht ins Schwimmen geraten. In dieser Situation helfen Wissensmodule weiter, die als „Inseln im Wasser" fungieren. Dabei handelt es sich um abrufbereite Statements, die Sie präventiv zu den aktuellen und künftigen Schlüsselthemen Ihres Unternehmens (Ihrer Organisation, Partei ...) vorbereitet haben. Wenn also Stegreif-Fragen kommen, können Sie sich auf eine Sicherheitsinsel retten, indem Sie ein relevantes Statement abrufen. Vera Birkenbihl (1997) bezeichnet diese Wissensmodule als „Steine im Fluss". Um den Fluss zu überqueren, springen Sie von Stein zu Stein. Ihr Vorteil: Sie wissen, wo diese Steine (knapp unter der Wasseroberfläche) liegen, während es für den Zuschauer so aussieht, als ob Sie „über Wasser gehen".

Sie können Ihre Wissensmodule durch ein Brainstorming erarbeiten, wobei Sie die relevanten Themen Ihres Unternehmens zunächst sammeln, dann clustern und daran anschließend 30-Sekunden-Statements zu den einzelnen Themen entwickeln.

Sie können diesen Vorgang auch mit Hilfe der auf Seite 87f. dargestellten Merkstütze ETHOS strukturieren. Sie erinnern sich: ETHOS symbolisiert die Anfangsbuchstaben der unternehmerisch wichtigen Dimensionen. Dabei steht E für Economic, T für Technical, H für Human, O für Organizational sowie S für Social. Zur Differenzierung der Wissensmodule ist diese Formel außerordentlich leistungsfähig, weil jede Unternehmung mit diesen fünf Dimensionen zu tun hat.

E1	E2	E3
E4	T1	T2
T3	H1	H2
O	S1	S2

Diese fünf Themenfelder bilden Ihr Grobraster, um korrespondierende Statements zu entwickeln. Sie würden also je nach Bedarf eines oder mehrere Statements für jede Rubrik erarbeiten. Das kleine Schachbrett veranschaulicht dies: In unserem Beispiel hätten Sie insgesamt zwölf Statements präpariert: vier Statements zu wirtschaftlichen Fragen (Buchstabe E für Economic), drei Statements zu technischen Fragen (Buchstabe T für Technical), zwei Statements zu kundenbezogenen Aspekten (H für Human), ein Statement für organisatorischen Fragen (O steht für Organizational) sowie zwei Statements zu sozialen Aspekten (S steht für Social).

Ihre vier wirtschaftsbezogenen Statements könnten sich zum Beispiel auf diese vier Fragen beziehen:
- Wie bewerten Sie die aktuelle wirtschaftliche Situation Ihres Unternehmens?
- Wie erklären Sie die Entwicklung des Aktienkurses Ihres Unternehmens im letzten Quartal?
- Werden Sie im nächsten Jahr Personal abbauen, um Kosten zu sparen?
- Inwieweit kann man in Ihrer Branche von einem Verdrängungswettbewerb sprechen?

8 Stress-Interviews
Wie Sie brisante Fragen souverän beantworten

> Mit Journalisten ist es wie mit Krokodilen:
> Man muss sie nicht lieben, aber füttern.
>
> William Perry (ehem. US-Verteidigungsminister)

Dieses Kapitel behandelt:

1. Allgemeine Tipps zum Frage-Antwort-Verhalten
2. Spezielle Tipps zum Umgang mit Reizthemen
3. Interviewtechnik für Fortgeschrittene: Blocken, Überbrücken, Kreuzen
4. Exkurs: Brückensätze für neun schwierige Situationen in Stress-Interviews
5. Rechtliche Aspekte

In diesem Abschnitt lernen Sie Empfehlungen und bewährte Strategien kennen, um in Fernseh- und Hörfunkinterviews sicher, kompetent und sympathisch „rüberzukommen". Neben Tipps zum Frage-Antwort-Verhalten erfahren Sie, wie Sie am besten mit Fangfragen und Reizthemen umgehen. Dabei können Sie die Technik „Blocken, Überbrücken, Kreuzen" nutzen, um im Stress-Interview das Heft in die eigene Hand zu bekommen.

1 Allgemeine Tipps zum Frage-Antwort-Verhalten

- Legen Sie vorab fest, was Sie sagen wollen und was Sie nicht sagen wollen. Gehen Sie mit Ihren Kernbotschaften in das Interview und nutzen Sie die Chancen, Ihre Kernbotschaften auch unterzubringen.
- Verbinden Sie in Ihren Antworten „freie" mit „gebundener" Information:
  - Gebundene Information antwortet direkt auf die Frage.
  - Freie Information ist das, was Sie losgelöst von den gestellten Fragen noch vermitteln wollen. Sie muss geschickt mit der gebundenen Information verknüpft werden. Günstig ist es, wenn Sie nach der Antwort ohne Sprechpause (Stimme bleibt oben!) den ergänzenden Punkt anschließen („Eine Anmerkung noch zu unseren Investitionen im Bereich Umweltschutz …"). Mit Hilfe freier Information können Sie die Position Ihres Unternehmens darstellen und Botschaften, die Sie für wichtig halten, im Interview unterbringen.

- Je unangenehmer die Frage, desto kürzer und freundlicher sollte Ihre Antwort ausfallen. Der Journalist hat dadurch weniger Zeit, sich die nächste Frage zu überlegen. Außerdem: Je länger man spricht, umso mehr Angriffsflächen bietet man und umso eher sinkt im Allgemeinen der Sympathiewert.
- Wiederholen Sie niemals abwertende und negative Formulierungen, die der Journalist in seiner Frage verwendet hat.
- Aus der Sicht Ihrer Zuschauer/Zuhörer ist eine Botschaft dann interessant,
  - wenn das Thema aktuell und bedeutend ist,
  - wenn Betroffenheit ausgelöst wird durch Hinweise auf die Folgen im Alltag,
  - wenn anschauliche Beispiele gegeben werden,
  - wenn mit dem Nutzen argumentiert wird.

2 Spezielle Tipps für den Umgang mit Reizthemen

- Springen Sie nicht blind auf „Reizthemen" an. Die Gefahr blinder Reizreaktionen ist speziell bei heiklen Themen groß. Überlegen Sie gut, ob Sie etwas sagen wollen, wie viel Sie sagen wollen, ob Sie gegebenenfalls diplomatisch „Nein" sagen zu einer Frage, die Ihre Kompetenz oder Zuständigkeit übersteigt.
- Prüfen Sie sorgfältig die Prämissen in der Fragestellung. Bei Stress-Interviews sollten gravierende Falschbehauptungen in der Fragestellung sofort zurechtgerückt werden.
- Lassen Sie sich nach Möglichkeit nicht auf ein „Minus-Spielfeld" (dort sind „heiße Eisen" und „brisante" Themen, zu denen Sie ungern Stellung nehmen) ziehen. Wenn es „eng" wird, können Sie einfach Ihre Kernbotschaften wiederholen (vorher gut einprägen!). Hilfreiche Redewendungen sind hierbei:
  - „Das sind zum Glück Einzelfälle. Insgesamt ist unsere Strategie sehr erfolgreich. Hier drei Beispiele ..."
  - „Wie bei jedem Großprojekt gibt es auch hier Risiken. Die Chancen für die Menschen und für die Wirtschaft dürfen jedoch nicht übersehen werden ..."
  - „Unser Unternehmen steht für Wirtschaftlichkeit und Umweltschutz. Ich will das gern veranschaulichen ..."

Eine leistungsfähige Technik, die es Ihnen erlaubt, selbst das Spielfeld zu bestimmen und auch in schwierigen Situationen das Heft des Handelns auf der eigenen Seite zu haben, finden Sie anschließend unter Punkt 3.

3 Interviewtechnik für Fortgeschrittene: Blocken, Überbrücken, Kreuzen (vgl. Rehmsen 2003)

Medienprofis aus Politik und Wirtschaft nutzen jede Chance, um im Interview diejenigen Botschaften unterzubringen, die sie unterbringen möchten. Hierbei setzen sie mehr oder weniger bewusst Lenkungstechniken ein, die von der gestellten Frage weg- und zum eigenen Thema hinführen. Fernsehinterviews bieten reichlich Anschauungsmaterial für eine Technik, die sich „Blocken, Überbrücken, Kreuzen" nennt. Zu den Politikern, die diese Klaviatur meisterhaft spielen, gehören der ehemalige Außenminister Hans-Dietrich Genscher, Gerhard Schröder, Wolfgang Schäuble und Joschka Fischer. Auch der ehemalige PDS-Vorsitzende Gregor Gysi gehört zu den Könnern dieser dialektischen Spielart. Wie diese Technik im Frage-Antwort-Prozess funktioniert, zeigt Abbildung 14.

Voraussetzung dafür ist die Fähigkeit, sich den jeweiligen Fragen des Interviewers sowie Ihren zu platzierenden Botschaften gleichzeitig zu widmen. Jede einzelne Frage muss als Gelegenheit begriffen werden, unternehmensrelevante und Image fördernde Inhalte zu lancieren.

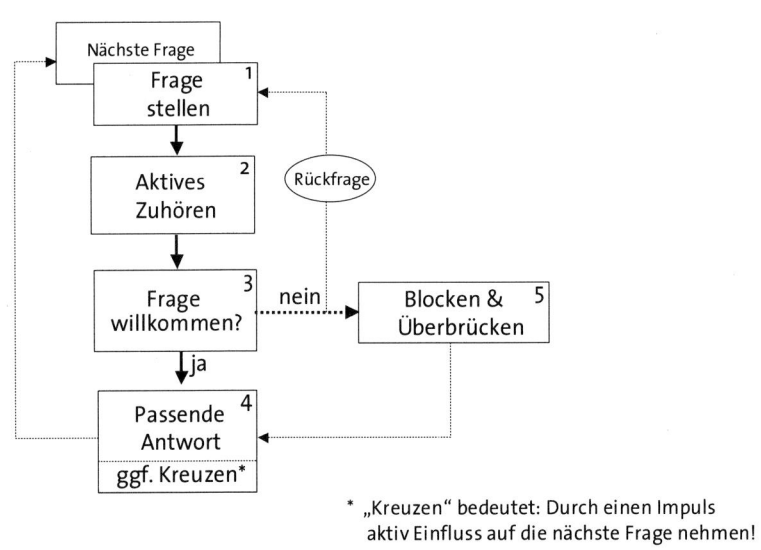

Abbildung 14: Mit Fragen gekonnt umgehen: „Blocken, Überbrücken, Kreuzen"

Erläuterung:

Phasen 1 und 2
Hören Sie genau zu, wenn der Journalist seine Frage stellt. Ist die Frage aus Ihrer Sicht sachgerecht formuliert, oder enthält sie Unterstellungen, hypothetische Annahmen, Unwahrheiten, die Sie so nicht akzeptieren können?

Phase 3
Achten Sie darauf, nicht zu schnell auf die gestellte Frage zu antworten. Es kann nämlich sonst der Eindruck entstehen, dass Sie mit „vorgestanzten Versatzstücken" arbeiten und nicht zugehört haben. Besser ist es, eine kleine Pause zu machen (1 bis 1,5 Sekunden) und dann zu antworten.

Phase 4
Ist die Frage willkommen, antworten Sie im Sinne Ihrer vorbereiteten Kernbotschaft. Zum Schluss Ihrer Antwort bietet sich vielfach die Chance, ein Schlüsselwort oder ein Zusatzthema zu bringen, das den Interviewer zu einer entsprechenden Folgefrage veranlassen soll. Dies kann zum Beispiel der Hinweis auf ein Projekt sein, das Sie in Zukunft vorhaben. Wenn Sie beispielsweise Ihre Antwort mit dem Satz beenden „… in Kürze führen wir ein neues Umweltschutzprogramm ein, das die Emissionen um 40 Prozent reduziert", wird der Journalist mit hoher Wahrscheinlichkeit nachfragen: „Können Sie uns zu dem neuen Umweltschutzprogramm etwas Genaueres sagen?"

Springt der Journalist auf Ihren zukunftsgerichteten Impuls an, haben Sie aktiv Einfluss auf den weiteren Gang des Interviews genommen („Kreuzen").

Phase 5
Ist Ihnen die Frage nicht willkommen, haben Sie die Möglichkeit, geschickt auf ein Thema umzulenken, das Ihnen entgegenkommt. Dies geschieht durch „Blocken" und „Überbrücken":
- Blocken bedeutet dabei, die Frage nicht zu beachten/ins Leere laufen zu lassen und selbst zu agieren. „Ihre Frage trifft eher einen Randaspekt" oder „Auf den ersten Blick mag das so aussehen" sind klassische „Blocker".
- Überbrücken heißt, vom unerwünschten zum erwünschten Thema zu lenken, um dann die eigene Kernbotschaft zu bringen. Im Grunde handelt es sich dabei um „freie" Information, die man im Interview unterbringt, obwohl nicht nach ihr gefragt ist.

Formulierungsbeispiele:

Bei brisanten Fragen, die Ihnen nicht passen, können Sie im Sinne von „Blocken und Überleiten" etwa so reagieren:
- „Ihre Frage geht an dem zentralen Punkt unserer Umweltstrategie vorbei (Blocken). Im Mittelpunkt unserer Strategie steht die Minimierung der Emissionen ... (Überbrücken)." Dann Kernbotschaft bringen ...
- „Auf den ersten Blick mag das so aussehen (Blocken). Wenn man sich die Details jedoch genauer anschaut, dann ist unsere Produktqualität nachweislich besser geworden (Überbrücken)." Dann Kernbotschaft bringen ...
- „Ihre Frage zeigt mir, dass der Hintergrund für den Börsengang noch nicht deutlich geworden ist (Blocken). Drei Argumente haben uns im Jahre 2001 veranlasst, an die Börse zu gehen ... (Überbrücken)". Dann Kernbotschaft bringen ...

Abschließend noch einige Vorschläge, wie Sie bei Fangfragen und unsachlichen Spielarten des Journalisten zunächst Zeit gewinnen und dann zielgerichtet antworten. Die Formulierungsbeispiele bieten Ihnen zusätzliche Anregungen, um geschickt zu blocken und auf Ihre Kernbotschaften überzuleiten.

Exkurs: Brückensätze für neun schwierige Situationen in Stress-Interviews (vgl. Thiele 2003)

1. Journalist reiht unbewiesene Behauptungen und Vorwürfe aneinander
2. Journalist bringt pauschale Unterstellungen
3. Journalist bringt Fragen oder Einwände, die nur teilweise richtig sind
4. Journalist bringt Unterstellungen mit Folgefrage
5. Journalist bringt in seiner Frage negative Aspekte und Erfahrungen
6. Journalist stellt hypothetische Fragen
7. Journalist zitiert eine „kritische" Untersuchung
8. Journalist unterbricht laufend und erhöht das Fragetempo
9. Journalist greift Sie persönlich an oder beleidigt Sie

Nutzen Sie Brückensätze (zum Begriff siehe Seite 76f.) als psychologische Puffer bei besonders schwierigen Fragen. Die folgende Zusammenstellung enthält Formulierungen, die bei schwierigen und unfairen Spielarten des Journalisten geeignet sind, Zeit zu gewinnen und auch bei Gegenwind ruhig und gelassen zu bleiben.

Situation 1: Interviewer reiht unbewiesene Behauptungen und Vorwürfe aneinander

Die Gefahr dieser unfairen Taktik besteht darin, dass ein schlechtes Image Ihres Unternehmens erzeugt wird. Lassen Sie sich hierdurch auch dann nicht verunsichern, wenn die Behauptungen mit viel Emotion vorgetragen werden.

Frage	„Das Image Ihres Unternehmens war noch nie so schlecht wie heute. Sie schreiben seit zwei Jahren rote Zahlen, entlassen 3.000 erfahrene Mitarbeiter, sind laut Öko-Institut in Freiburg auf dem ökologischen Auge blind und waren bei Ihren Kunden noch nie so unbeliebt wie heute. Wie erklären Sie sich diese Talfahrt?"

Ein dialektischer Kardinalfehler würde darin bestehen, einen einzelnen negativen Aspekt herauszugreifen und diesen zu widerlegen. Aus der Sicht des Publikums blieben dadurch die übrigen Vorwürfe dann unwidersprochen.

Daher ist es ratsam, alle Behauptungen des Journalisten in einem Satz zu bewerten. Daran anknüpfend bringen Sie zwei bis drei Argumente, die das Image Ihrer Unternehmung fördern und Ihre Position stärken.

Reaktion	„Sie zeichnen da ein völlig falsches Bild (Brückensatz). Zuerst möchte ich klarstellen ..." (Hierbei bewerten Sie in einem Satz alles, was der Journalist gesagt hat.) oder „Ihre Feststellungen haben mit der Wirklichkeit zum Glück nichts zu tun (Brückensatz). Ich möchte zum Thema XY drei Bemerkungen machen ..." oder „Sie reihen sehr pauschale Vorwürfe aneinander; die Wirklichkeit sieht zum Glück anders aus" (Brückensatz).

Situation 2: Interviewer bringt pauschale Unterstellungen

Der Journalist bringt pure Behauptungen und verzichtet auf eine tragfähige Begründung.

Frage	1. „Wie erklären Sie sich, dass wichtige Marketingexperten Ihre Strategie 2010 in Bausch und Bogen ablehnen?"
	2. „Als langjähriger Sicherheitsbeauftragter wissen Sie doch auch, dass Ihr Unternehmen im Umweltschutz immer erst auf Druck der Öffentlichkeit aktiv wird. Warum fehlt Ihnen ökologisches Bewusstsein?"

In Ihrer Antwort können Sie darauf hinweisen, dass die Aussage in dieser allgemeinen Form nicht zutrifft. Sie können auch durch eine Ich-Botschaft Ihr Erstaunen ausdrücken und dann reagieren. Die Rückfragetechnik bietet sich ebenfalls an, um den Journalisten aus der Reserve zu locken und Beweismittel einzufordern.

Reaktion	Zu 1. „Das ist eine sehr undifferenzierte Aussage, die so nicht zutrifft. Richtig ist, dass ..." oder „Ihre Frage enthält eine Unterstellung, die so nicht zutrifft."
	Zu 2. „Das mag Ihre subjektive Meinung sein. Das Gegenteil ist richtig ..." oder „Ihre Frage erstaunt mich sehr, denn gerade im Umweltschutz haben wir eine Reihe von Maßnahmen auf den Weg gebracht, die weit über den gesetzlichen Auflagen liegen. Drei Beispiele ..."

Situation 3: Journalist bringt Fragen oder Einwände, die nur teilweise richtig sind

Wenn Sie Fragen und kritischen Anmerkungen teilweise zustimmen wollen, können Sie hierfür entsprechende Brückensätze einsetzen. Beispielsweise durch Formulierungen wie: „Im Prinzip stimme ich Ihnen zu ..."; „Ich stimme weitgehend zu ..."; „Teils, teils ..."; „Ihre Einschätzung kann ich gut nachvollziehen ..."; „In dem Punkt X stimme ich Ihnen zu, beim Punkt Y bin ich anderer Meinung ..."

Frage	1. „Sie schreiben seit zwei Jahren rote Zahlen. Da müssen doch gravierende Managementfehler gemacht worden sein." 2. „Ihr Unternehmen setzt 3.000 Leute auf die Straße. Und das bei 4,5 Millionen Arbeitslosen. Wo bleibt da die beschäftigungspolitische Verantwortung Ihres Unternehmens?"

Es fördert Ihre Glaubwürdigkeit, wenn Sie zunächst die zutreffenden Aussagen des Journalisten bestätigen und erst danach neue Argumente bringen, die Ihre Position stützen.

Reaktion	Zu 1.: „Das mag auf den ersten Blick so aussehen (Brückensatz). Wenn man jedoch genauer hinschaut, dann wird deutlich, dass vor allem beträchtliche Zukunftsinvestitionen unsere Bilanz belastet haben. Zwei Zahlen mögen dies verdeutlichen …" Zu 2.: „Wir nehmen unsere beschäftigungspolitische Verantwortung sehr ernst (Brückensatz). Deshalb ging es vor allem darum, 45.000 Arbeitsplätze zu sichern …"

Situation 4: Journalist bringt Unterstellungen mit Folgefrage

Der Journalist stellt eine falsche Behauptung auf und verknüpft diese unmittelbar mit einer Frage. Je größer das erlebte Stress-Niveau, umso eher wird der Ungeübte auf diese unfaire Taktik anspringen.

Frage	„Ihr Unternehmen gilt ja seit der Ölkatastrophe vor vier Jahren als das schwarze Schaf in Sachen Umweltbewusstsein. Wie werden Sie Ihre ökologischen Ziele in Zukunft formulieren?"

Ihre Abwehrstrategie: Rücken Sie die falsche Prämisse, die in der Frage steckt, in aller Klarheit zurecht.

Reaktion	„Ich weiß nicht, wie Sie zu solchen Aussagen kommen. Das Gegenteil ist richtig …" oder „Das mag Ihre subjektive Wahrnehmung sein. Die Wirklichkeit sieht zum Glück ganz anders aus …" oder „Zunächst enthält Ihre Frage eine Unterstellung, die unrichtig ist. Ich nutze gern die Gelegenheit, um unser Umweltschutzkonzept zu erläutern. Im Einzelnen …"

Situation 5: Journalist bringt in seiner Frage negative Aspekte und Erfahrungen

Der Interviewer konzentriert sich in seiner Frage auf negative Punkte (Risiken, Schwachstellen, Akzeptanzprobleme usw.) Ihres Konzepts oder Lösungsvorschlags. Zur Beweisführung und Illustration zitiert er kritische Presseberichte, Kommentare von Fachexperten oder Erfahrungen unzufriedener Kunden.

Frage	1. „Die Autoreisenden sind stocksauer, dass Sie gerade zu Beginn der Urlaubszeit die Bauarbeiten hier an der A 3 aufnehmen müssen." 2. „Als Airline, die Billigflüge anbietet, sprechen Sie zwar immer von Service und Kundenorientierung. Dabei erleben die Kunden Buchung und Einchecken als chaotisch und den Service als nicht vorhanden. Wie stehen Sie dazu?"
Reaktion	Zu 1.: „Aus der Sicht der Autoreisenden ergibt das zunächst keinen Sinn (Brückensatz). Wenn man sich jedoch mit den Details beschäftigt, dann ..." oder „Die emotionale Reaktion der Autoreisenden kann ich gut nachvollziehen (Brückensatz). Wer den Hintergrund für das Timing kennt, wird sehen, dass es praktisch keine Alternative gab ..." Zu 2.: „Sie sprechen punktuelle negative Erfahrungen an. Dabei wird häufig übersehen, was wir schon erreicht haben ..." oder „Ihre Frage zeigt mir, dass noch nicht deutlich geworden ist, was wir unter Service und Kundenorientierung verstehen. Ich nutze gern die Gelegenheit, um ..."

Situation 6: Journalist stellt hypothetische Fragen

Der Interviewer zielt darauf, Sie aufs Glatteis zu führen Er möchte Sie veranlassen, zu einem hypothetischen Szenario eine Aussage zu machen.

Frage	„Was machen Sie, wenn Ihre Kunden das neue Servicekonzept nicht annehmen?"

Gerade bei hypothetischen Szenarien ist die Gefahr blinder Reizreaktionen groß. Springen Sie niemals unüberlegt auf spekulative Szenarien an.

Reaktion	„Ihrer Frage liegt eine sehr pessimistische Annahme zugrunde. Wir gehen davon aus, dass dieses Servicekonzept auf große Akzeptanz stößt. Es sind drei Gründe, die uns optimistisch stimmen ..." oder „Das sind sehr spekulative Szenarien, die Sie entwickeln ..." oder „Das ist eine sehr hypothetische Frage. Auf der Grundlage seriöser Untersuchungen gehen wir davon aus, dass ..."

Situation 7: Journalist zitiert eine „kritische" Untersuchung

Der Interviewer zitiert einen Wissenschaftler oder eine Untersuchung mit einer kritischen Einschätzung zu Ihrer Argumentation.

Frage	„In Sachen Elektro-Smog kommen Professor Wassermann aus Kiel und das Öko-Institut in Freiburg zu sehr kritischen Einschätzungen ..."

Bedenken Sie bei Ihrer Replik, dass es heute zu jedem strittigen Thema eine Fülle, oft Hunderte seriöser Untersuchungen gibt. Diese Tatsache können Sie in Ihrer Antwort nutzen.

Reaktion	„Sie wissen, dass es zum Thema ‚Elektro-Smog' zig Untersuchungen gibt. Wir stützen uns bei der Beurteilung der Gefahren von Elektro-Smog auf die Max-Planck-Gesellschaft und das Fraunhofer-Institut. Zwei Untersuchungen möchte ich stellvertretend zitieren ..." oder „Zu jedem Thema gibt es Pro und Contra ..." oder wenn mit Zahlen argumentiert wird „Er gibt neue Zahlen, die Ihre Aussagen relativieren ..."

Situation 8: Journalist unterbricht laufend und erhöht das Fragetempo

Der Journalist verletzt das Regelwerk eines fairen Interviews, um Sie zu verunsichern und aus dem Gleichgewicht zu bringen. Hierbei nutzt er zwei unsachliche Spielarten, die in Stress-Interviews auch kombiniert angewendet werden können. Zum einen unterbricht er Sie laufend, bevor Sie Ihren Gedanken zu Ende geführt haben. Und zwar nicht, um – wie etwa bei Vielrednern – die Sache zu befördern, sondern Sie aus dem Konzept zu bringen. Außerdem kann der Interviewer das Fragetempo erhöhen, um Sie noch mehr unter Druck zu setzen.

Bei diesen unfairen Spielarten gilt der Satz „Wehret den Anfängen". Verteidigen Sie also freundlich, aber konsequent das Wort und bringen Sie Ihre Argumentation zu Ende. Lassen Sie sich das Heft nicht aus der Hand nehmen. Bleiben Sie ruhig und gelassen. Wenn der Journalist das Fragetempo erhöht, ist es ratsam, einen Kontrapunkt zu dieser Spielart zu schaffen, indem Sie bewusst langsam und deutlich sprechen. Lassen Sie sich das Tempo des Fragestellers unter keinen Umständen aufdrängen.

Reaktion	Bei Unterbrechungen „Herr Maier, Sie haben eine Frage gestellt, die ich gern beantworten möchte ..." oder „Entschuldigung, ich möchte gern mein Argument für die Zuschauer zu Ende führen ..." oder „Herr Maier, lassen Sie mich bitte ausreden. Dieser Punkt ist nämlich für die Zuschauer sehr wichtig ..." Bei Tempozunahme „Herr Maier, warum diese Eile? Unsere Zuschauer erwarten doch Verständlichkeit. Ich möchte noch einmal betonen ..." (dann bewusst langsam und deutlich formulieren) oder „Herr Maier, nicht so schnell. Unsere Zuschauer sollten doch alles nachvollziehen können (Brückensatz). Meine zwei Hauptpunkte sind ..." (dann bewusst langsam und deutlich formulieren)

Situation 9: Journalist greift Sie persönlich an oder beleidigt Sie

Gerade bei brisanten und emotional aufgeladenen Themen kann es passieren, dass Sie persönlich angegriffen werden. Beispielsweise durch Unterstellung unlauterer Motive, durch Beleidigungen oder durch Herabsetzung Ihrer Person.

Für diese und ähnliche Situationen haben wir in Kapitel 5 Reaktionsmöglichkeiten dargestellt. Hier noch einige ergänzende Brückensätze für Interviews:

- „Was beabsichtigen Sie mit dieser herabsetzenden Frage?"
- „Ich kann nicht erkennen, was Ihre Frage mit Fairness zu tun hat ..."
- „Mit Polemik kommen wir in der Sache nicht weiter. Worum geht es?"
- „Wenn ich auf den sachlichen Gehalt Ihrer Frage eingehe, dann ..."

Überlegensstrategie für Notfälle

Wenn es „eng" wird, können Sie sich an Ihren positiven Kernbotschaften orientieren Und diese an den Anfang Ihrer Antwort setzen! Bringt der Journalist etwa negative Erfahrungen mit dem Service, können Sie zunächst auf wichtige Verbesserungen und Zusatzleistungen hinweisen und dies mit anschaulichen Beispielen untermauern.

Reaktion	„Erlauben Sie mir zunächst eine Vorbemerkung zum neuen Servicekonzept ..." oder „Unser Servicekonzept enthält drei Elemente: erstens ..., zweitens ..., drittens ..." oder „Eine kurze Vorbemerkung zu Ihrer Frage ..." oder „Oft wird übersehen, was wir in den Bereichen XY schon erreicht haben. Drei Beispiele ..." oder „Bevor ich Ihre Frage beantworte, möchte ich den Grundgedanken des Servicekonzepts verdeutlichen ..."

5 Rechtliche Aspekte

Wer nur sporadisch mit Leuten von Funk und Fernsehen zu tun hat, weiß kaum, welche Rechte er in Interviews oder bei der Abgabe von Statements hat. Je brisanter die Interviewthemen, umso wichtiger sind diese Merkpunkte:

- Sprechen Sie die Länge des Interviews genau ab. Vereinbaren Sie, dass bei Kürzungen nur ganze Fragen und ganze Antworten herausgenommen werden. Sonst ist der Manipulation Tür und Tor geöffnet.
- Die Aufzeichnung beginnt erst dann, wenn Sie das Einverständnis dazu gegeben haben.
- Sollten Sie sich versprechen, können Sie jederzeit unterbrechen und auf einer erneuten Aufzeichnung bestehen.

- Lassen Sie sich – falls möglich – das Interview nach der Aufnahme noch einmal in Bild und Ton vorspielen. Achten Sie darauf, dass Sie die Kernbotschaft klar formuliert haben und dass Ihre Körpersprache das Gesagte unterstreicht.
- Lassen Sie sich niemals vorschreiben, welche Aussagen des Interviews verwertet werden sollen.
- Bestehen Sie darauf, dass die wichtigen Kernaussagen im Interview erhalten bleiben.
- Grundsätzlich sind alle Tonaufnahmen, wie sie beim Statement/Interview entstehen, nur mit Zustimmung des Interviewten zulässig, es sei denn, er hat bewusst das „Restrisiko der Öffentlichkeit" auf sich genommen. Damit sind zum Beispiel öffentliche Veranstaltungen gemeint, wo Sie an sichtbar angebrachte Mikrofone gehen und dort vor Publikum Wortbeiträge produzieren. Jederzeit geschützt sind Sie allerdings gegen Überfallinterviews, wo man Ihnen unvorbereitet ein Mikrofon entgegenhält und ein Statement einfordert.
- Bei Schmutzkampagnen oder unsauberer Berichterstattung sollten Sie einen erfahrenen Juristen zu Rate ziehen.

9 Talkshows und Diskussionsrunden Vor großem Publikum bestehen

> Zweck des Disputs oder der Diskussion
> soll nicht der Sieg, sondern der Gewinn sein.
>
> Joseph Joubert

In diesem Kapitel erfahren Sie,

1 welche Chancen und Risiken die Teilnahme bietet,
2 wie Sie als Teilnehmer schwierige Situationen bewältigen,
3 wie Sie als Moderator schwierige Situationen in den Griff bekommen,
4 was Manager von Politikern lernen können.

Podiumsdiskussionen und Talkshows* sind Auseinandersetzungen zwischen Personen oder Gruppen, die nicht den Zweck haben, ein Mitglied der anderen Seite zu überzeugen. Sie richten sich in erster Linie an das Publikum. Das können sowohl Zuschauer im Saal als auch Personen sein, die die Veranstaltung am Fernseher oder Radio miterleben. In der Regel wird eine aktuelle, kontroverse Thematik unter Leitung eines Moderators (= Gesprächsleiter) diskutiert, wobei gesellschaftlich relevante Gruppen (Wirtschaft, Politik, Wissenschaft, Kirchen, Gewerkschaften, Bürgerinitiativen, Medien usw.) durch ihre Sprecher vertreten sind.

Wegen der Dauer von Talkshows, der erhöhten Anzahl von Gesprächsteilnehmern und vor allem deren weit reichender Breitenwirkung ist die Teilnahme erfahrungsgemäß mit besonders viel Stress verbunden. Eine gründliche Vorbereitung und ein individuelles Training sind deshalb unabdingbar.

Hinweis

Die Ausführungen dieses Kapitels sind mit wenigen Abstrichen auch auf Diskussionsrunden übertragbar, die vor Publikum ohne Fernsehpräsenz stattfinden.

* Unter Talkshows sind hier Diskussionsrunden zu verstehen, die von einem Moderator (z.B. Sabine Christiansen, „Berlin Mitte" mit Maybrit Illner; „Hart aber fair" mit Frank Plasberg) geleitet und bei denen geladene Gäste aktuelle Themen kontrovers diskutieren: Eine gute Talkshow will unterhaltend informieren oder informierend unterhalten.

1 Welche Chancen und Risiken bietet die Teilnahme?

Prüfen Sie vorab genau, ob Sie für die geplante Thematik der passende Repräsentant sind. Aus dramaturgischen Gründen werden Talkshows nämlich so besetzt, dass sich Gegenspieler und Koalitionen bilden: Kein Unternehmenssprecher ohne Gewerkschaftsvertreter, kein Regierungsmitglied ohne Kontrahent aus der Opposition. Werden Sie sich darüber klar, welche Rolle Sie in der Runde spielen sollen. Ist zum Beispiel die Gefahr eines Kreuzfeuers gegeben, das Sie in die undankbare und risikoreiche Position „Einer gegen alle" manövrieren könnte?

Deshalb gehört zur Vorbereitung eine gründliche Recherche über Haltungen, mögliche Argumente sowie dialektische Spielarten der geladenen Teilnehmer. Überlegen Sie auch, wie Sie auf mögliche sachliche und unsachliche Angriffe reagieren wollen. Bereiten Sie sich auch darauf vor, gezielt Koalitionen mit anderen Diskussionsgästen aufzubauen. Ergänzend können Sie die Checkliste im Anhang (siehe Seite 194ff.) bei Ihrer Vorbereitung mit heranziehen.

Neben solchen Risiken hat die Form des TV-Talks jedoch auch Chancen, die ein Statement oder ein Interview in dieser Form nicht bieten.

Welche Chancen bietet die Teilnahme an Talkshows?

- Sie haben hier ein Forum, um Ideen und Einschätzungen einbringen zu können und sich mit den Thesen der Gegenseite offensiv auseinander zu setzen.
- Sie können nachhaltiger Sympathiepunkte gewinnen, da Sie ausführlicher auf Emotionen und Erwartungen des Publikums eingehen können.
- Die können Ihre Thesen überzeugend darlegen und durch publikumswirksame Beweismittel und eine plakativ-anschauliche Sprache beim Zuhörer besser verankern.
- Sie können – falls notwendig – den Gegner sogar hart, aber fair zurückweisen.

2 Wie bewältigen Sie als Teilnehmer schwierige Situationen?

Wie im Kapitel „Botschaften personalisieren" im Einzelnen ausgeführt (siehe Seite 24ff.), wird Ihr Verhalten aus der Sicht des Publikums ganzheitlich wahrgenommen. Es kommt also darauf an, die eigenen Kernbotschaften geschickt einzubringen, mit kritischen Fragen und Einwänden gekonnt umzugehen und zu intervenieren, wenn Ihr Gegenüber schwache Beweismittel oder Falschaussagen bringt. Wie in jeder Face-to-Face-Situation ist auch hier zu bedenken, dass Ihre Körpersprache, Ihre Stimme und Ihr gesamtes äußeres Erscheinungsbild stärker Ihre Glaubwürdigkeit und Ihren Sympathiewert beeinflussen als der rationale Anteil Ihrer Aussagen.

Im Folgenden erhalten Sie spezielle Empfehlungen zu diesen Punkten:
1. Vorbereitete Kernbotschaften geben Sicherheit
2. Profil gewinnen durch frühe Wortbeiträge und aktive Mitgestaltung
3. Welcher Gesprächsstil und welches Sprachniveau ist angemessen?
4. Vermeiden Sie Dominanzgebärden, auch wenn Sie sich überlegen fühlen
5. Achten Sie auf Schwachstellen in der gegnerischen Argumentation

Vorbereitete Kernbotschaften geben Sicherheit

Es hat sich bewährt, vor Gesprächsrunden im Fernsehen mindestens vier bis fünf Kernbotschaften festzulegen. Hinzu kommen Eingangs- und Schluss-Statement, auf die im Publikum besonderer Wert gelegt wird: Überlegen Sie sich also auch genau, wie Sie die Diskussion eindrucksvoll eröffnen und beenden wollen. Wenn der Moderator eine überraschende Eröffnungsfrage stellt, helfen die erwähnten „Wissensmodule" (siehe Seite 101) weiter.

Falls Sie die Teilnahme als sehr stressig erleben, können Sie sich an diesen bewährten Tipps orientieren:
- Notieren Sie Ihre Botschaften einschließlich der Fakten, Zahlen und Beweismittel stichwortartig auf Karteikärtchen und üben Sie vorab die Formulierung. Ein Tonbandgerät kann Sie hierbei unterstützen.
- Überlegen Sie im Rahmen Ihrer Vorbereitung, wie Sie auf Einwände und Gegenargumente reagieren wollen, und üben Sie Rede- und Gegenrede möglichst mit einem Sparringspartner ein.
- Beantworten Sie sich auch die Frage, welche Positionen Ihre Kontrahenten einnehmen und wo deren inhaltlichen und rhetorischen Stärken

und Schwachstellen liegen. Bereiten Sie auch dazu einen kleinen Fragenkatalog vor, den Sie ebenfalls auf Kärtchen notieren.
- Simulieren Sie vor wichtigen Diskussionsrunden oder Debatten den Ernstfall. So erkennen Sie im Vorfeld Ihre Schwachstellen und gehen mit mehr Sicherheit in den Schlagabtausch. So hat Bill Clinton das erste Fernsehduell mit George Bush mit dem Washingtoner Anwalt Bob Barnett durchgespielt: In seiner Biographie heißt es dazu:

„Die letzten Tage vor dem ersten Fernsehduell nutzte ich für eine intensive Vorbereitung: Ich studierte eifrig meine Anweisungen und führte mehrere simulierte Debatten. Der Washingtoner Anwalt Bob Barnett übernahm dabei die Rolle des Präsidenten, Ross Perot wurde von dem Kongressabgeordneten Mike Synar aus Oklahoma gespielt, der dessen eigenwillige Art zu sprechen aus dem Effeff beherrschte. Bob und Mike nahmen mich ordentlich in die Mangel – nach unseren Probedurchgängen war ich jedes Mal froh, dass ich nicht gegen die beiden antreten musste. Wer weiß, vielleicht wäre die Wahl in diesem Fall anders ausgegangen."

Profil gewinnen durch frühe Wortbeiträge und aktive Mitgestaltung

Wer zu lange mit seinem ersten Statement wartet und die Diskussion an sich vorbeiziehen lässt, wirkt schlichtweg profillos. Auch die Wirkung beim Teilnehmer selbst ist demotivierend: Wer nicht gleich mitmischt, klinkt sich geistig bald aus und fühlt sich in der Regel unwohl – vergleichbar mit einer „inneren Kündigung". Ein Teufelskreis, weil die Motivation und die Fähigkeit, wieder ins Gespräch einzusteigen, damit zunehmend sinken. Deshalb gilt: Nutzen Sie jede Möglichkeit zur aktiven Beteiligung an der Diskussion. Je nach Szenario und rhetorischem Geschick können Sie Interventionstechniken mit mäßigem und erhöhtem Risiko (siehe Abbildung 15) nutzen.

Dabei können Sie völlig risikofrei vorgehen, indem Sie zum Beispiel eine Verständnisfrage stellen. Oder noch besser: Stellen Sie vorgetragene Behauptungen auf den Prüfstand: „Woher nehmen Sie die Sicherheit, dass die Bürger Ihren Vorschlag akzeptieren?" Oder entwickeln Sie Argumente anderer weiter, indem Sie einwerfen: „Ich möchte Ihre Ausführungen um einen wichtigen Aspekt ergänzen." Einschalten kann man sich auch, indem bewusst Koalitionen aufgebaut werden. Stimmen Sie hierfür einem zuvor dargelegten Argument ausdrücklich zu und legen Sie dann Ihre Position dar. Mit etwas Geschick finden Sie einen Zugang für „freie" Information: „Dazu möchte ich einen anderen wichtigen Aspekt ansprechen, der noch nicht zur Sprache gekommen ist …"

Andere Formen der Intervention bergen das Risiko, die Auseinandersetzung zu verschärfen; sie bieten aber auch die Chance, ein eindeutigeres Profil zu gewinnen. Sie können zum Beispiel auf den roten Faden hinweisen, wenn „Nebenkriegsschauplätze" diskutiert werden. Weitere Interventionstechniken bestehen darin, ein völlig neues Argument in die Diskussion einzuführen oder die These eines Gesprächspartners zu kritisieren. Eindruck macht, wer sich offensiv um das Wort bemüht: „Moment, Ihr Argument kann ich so nicht stehen lassen!" oder „Verzeihen Sie, aber da haben wir ganz andere Erfahrungen gemacht!" Generell gilt für die Gesprächsrunde im Fernsehen, dass jene Teilnehmer positiv auffallen, die eine Diskussion aktiv und konstruktiv beeinflussen und gleichzeitig sympathisch wie auch authentisch wirken.

Talkshow-Profis nutzen häufig eine spezielle Technik, um früh Aufmerksamkeit für die eigene Seite zu wecken und dadurch den weiteren Gang der Diskussion gezielt zu beeinflussen: Sie verknüpfen eine frühe Wortmeldung mit einer provokanten These oder einem besonders emotionalen, nicht selten dramatischen Szenario.

Suchen Sie sich aus dem Spektrum möglicher Interventionen diejenigen Varianten heraus, die zu Ihrer Persönlichkeit und Ihren Diskussionszielen passen.

mit mäßigem Risiko	mit erhöhtem Risiko
• Verständnisfragen stellen • Beweismittel prüfen durch Fragetechnik • Argumente weiterentwickeln • Koalitionen aufbauen (anderen zustimmen) • Anmerkungen zum Regelwerk	• Provokante These einführen • Andere unterbrechen • Rhetorisch versierte Teilnehmer kritisieren • Bei einem Stichwort „einhaken" • Sympathieträger der Gruppe angreifen

Abbildung 15: Interventionen mit unterschiedlichem Risiko

Welcher Gesprächsstil und welches Sprachniveau ist angemessen?

Sprechen Sie in einfachen und geläufigen Worten. Die Kunst besteht darin, einen komplizierten Sachzusammenhang so stark zu vereinfachen, dass auch Lieschen Müller eine Chance hat, ihn zu verstehen. Falls Ihnen die Mitstreiter dies vorwerfen, können Sie immer noch Detailinformationen wohl dosiert nachreichen. Erleichtern Sie Ihren Zuhörern die Informationsaufnahme (siehe im Einzelnen Seite 55).

Allgemein sind Sie gut beraten, Ihre Wortbeiträge für den Fernsehzuschauer eher wie ein Gespräch mit Freunden zu konzipieren: persönlich und mit eigenen Erfahrungen angereichert. Das Publikum wird nicht mit Beifallsstürmen wie in großen Kongressen darauf reagieren, sondern höchstens mit einem leichten Kopfnicken im Wohnzimmer. Die Großaufnahmen im Fernsehen bieten den Zuschauern mehr Nähe als bei einem Gespräch im privaten Kreis. Auf diese kurze Entfernung steigt die Möglichkeit einer genauen Beobachtung des Gesichtsausdrucks und der Gestik. Durch Fernsehaufnahmen wird also eine „vertraute" Beziehung zwischen dem Darsteller und dem Zuschauer geschaffen, die ein unterhaltendes Gespräch erfordert. Im Medienzeitalter gibt es somit eine zusätzliche Anforderung an das Ideal der Beredsamkeit. Das Fernsehen fordert von einem erfolgreichen Redner, dass er so spricht wie ein Mensch, der ein Alltagsgespräch führt. Dieser neue Gesprächsstil wurde erstmals von Ronald Reagan verwirklicht, nachdem Jimmy Carter daran gescheitert war (vgl. Goetsch 1993).

Wer im Fernsehen erfolgreich sein will, sollte dieser Tatsache Rechnung tragen. Der Redner fördert die emotionale Nähe und die Akzeptanz beim Zuhörer, wenn er entspannt, natürlich, humorvoll auftritt, verständlich und anschaulich spricht. Eine sparsame Gestik und eine freundliche Mimik unterstützen eine positive Eindrucksbildung. Abgesehen von Extremen ist es dabei durchaus nicht nachteilig,
- ab und zu Fülllaute (Ähs) zu produzieren,
- Wörter zu korrigieren oder einen Satz zweimal zu beginnen,
- Denkpausen einzulegen.

Vermeiden Sie Dominanzgebärden

Wenn Manager mit pauschalen Angriffen, schwachen Beweismitteln oder Pseudoargumenten konfrontiert werden, neigen sie nicht selten zu dominanten und abwertenden Reaktionen. Die Gefahr: Das Publikum identifiziert sich mit dem Angegriffenen und Ihr Sympathiewert sinkt. Setzen Sie folgende und ähnliche Formulierungen auf die „schwarze Liste", wenn Sie Akzeptanz und Glaubwürdigkeit beim Zuschauer aufbauen wollen.

Redewendungen für Ihre „schwarze Liste"

- „Nein, da sind Sie falsch informiert."
- „Sie haben doch keine Ahnung."
- „Sie haben überhaupt nicht zugehört."
- „Jetzt passen Sie mal auf, was ich Ihnen zu sagen habe."
- „Wenn Sie besser zugehört hätten, bräuchten Sie mich nicht zu fragen."
- „Ich sage es gern noch einmal für Sie."
- „Ich hab Ihnen das doch schon mal erläutert."
- „Nein, das sehen Sie völlig falsch."

In diese Kategorie gehören auch Killerphrasen und persönliche Angriffe wie zum Beispiel
- „Totaler Unfug, was Sie da sagen."
- „Ihr Vorschlag liegt total neben der Praxis."
- „In diesem Punkt haben Sie ausnahmsweise mal Recht."
- „Ihnen fehlt die Erfahrung, um hier mitreden zu können."

Drei abschließende Empfehlungen, die wichtig sind, um den Sympathiewert nicht zu gefährden und den Mitstreitern keine Angriffsflächen zu geben. Erstens: Greifen Sie niemals den Moderator an. Er hat Hausrecht und einen Disput mit dem Gastgeber können Sie nicht gewinnen. Zweitens: Vermeiden Sie zu lange Wortbeiträge, weil dies drei Nachteile mit sich bringt: Die Zahl angreifbarer Aussagen steigt, Ihr Sympathiewert sinkt und Sie überfordern die Aufnahmefähigkeit der Zuschauer. Drittens: Greifen Sie möglichst nicht den Sympathieträger der Diskussionsrunde an. Es ist ebenfalls risikoreich, Verbraucherschützer (die Zuschauerinteressen vertreten), Bürgerinitiativen oder wissenschaftliche Experten, deren Reputation außer Frage steht, anzugehen. Hier ist man besser beraten, Fragen zu stellen und die Sicherheit der formulierten Thesen zu hinterfragen.

Achten Sie auf Schwachstellen in der gegnerischen Argumentation

Die folgenden Techniken der Dialektik helfen Ihnen, Schwachstellen in der gegnerischen Argumentation offensiv anzusprechen und auch dann das

Heft des Handelns auf der eigene Seite zu haben, wenn die Gegenseite kampfdialektische Mittel einsetzt:

- Achten Sie bei Behauptungen der Gegenseite konsequent auf die Qualität der Beweismittel. Lassen Sie sich dabei durch den Schein bloßer Rhetorik nicht beeindrucken, insbesondere wenn Zahlen, Zitate und Untersuchungen im Brustton der Überzeugung präsentiert werden: Sie könnten fingiert sein. Als Advocatus Diaboli können Sie je nach Situation nach den Informationsquellen oder den Interessen fragen, die hinter der zitierten Untersuchung stehen. Sie können zudem Zahlen oder Zitate anzweifeln oder bei Untersuchungen darauf verweisen, dass es zu jedem Thema heute Hunderte unterschiedlicher wissenschaftlicher Untersuchungen gibt.
- Die Beweisführung Ihres Gegenübers ist so stark wie das schwächste Glied in seiner Argumentationskette. Es ist taktisch von Vorteil, wenn Sie an den verwundbaren Stellen in die Offensive gehen. Ein wirksames Mittel, um Lösungsvorschläge auf den Prüfstand zu stellen, ist der Realitätstest: Hierbei fragen Sie Ihren Diskussionspartner anhand von Prüfkriterien, wie er seine Vorstellungen in die Praxis umsetzen will. Beispiele: „Wie wollen Sie Ihren Vorschlag finanzieren?"; „Wie wollen Sie eine Mehrheit hinter Ihre Position bringen?"; „Ist Ihr Vorschlag in Einklang mit den Wünschen der Bevölkerung?"
- Nutzen Sie den dialektischen „Test der Sicherheit", um herauszufinden, inwieweit sich Ihr Gegenüber verunsichern lässt und – unter Druck – Schwachstellen in Erscheinung treten. Verunsichernde Fragestellungen sind etwa: „Woher nehmen Sie die Sicherheit, dass dies der beste Weg ist?"; „Wodurch zeichnet sich Ihr Vorschlag im Vergleich zu den vielen seriösen Alternativen aus?"; „Was machen wir, wenn sich Ihre Prognosen als viel zu optimistisch herausstellen?"
- Sie können Ihre eigene Argumentation dadurch verstärken, dass Sie Autoritäten mit hoher meinungsbildender Kraft und Akzeptanz in Ihre Beweisführung einbeziehen. Dies können zum Beispiel Experten der Max-Planck-Gesellschaft oder des Fraunhofer-Instituts sein wie auch internationale Studien, die als interessenunabhängig gelten und eine hohe Reputation haben.
- Wenn Sie in die Defensive gedrängt werden, können Sie sich auf Ihre Kernbotschaften als „Inseln im Wasser" zurückziehen. Brückensätze und Techniken zur Abwehr unsachlicher Angriffe (siehe Seite 76f.) geben Ihnen zusätzlich die Gelassenheit und Souveränität, auch Spielarten der Eristik und Rabulistik zu neutralisieren.

Bedenken Sie: Ein aggressiver Diskussionsteilnehmer ist für Sie der beste Trainer. Denn er gibt Ihnen zum Nulltarif Gelegenheit, die ein oder andere Argumentationstechnik auszuprobieren.

3 Wie bekommen Sie als Moderator schwierige Situationen in den Griff?

Personale Autorität und Fachkompetenz gehören genauso zum Handwerkszeug des Moderators wie die Fähigkeit, die Diskussion produktiv, zielgerichtet (lineare Dramaturgie) und motivierend zu führen sowie Frage- und Lenkungstechniken für schwierige Situationen zu beherrschen.

Darüber hinaus soll der Moderator
- überparteilich agieren, auf die Bewertung bestimmter Positionen verzichten und auf das Regelwerk des „Fairplay" achten,
- die gesamte Diskussion so strukturieren, dass die relevanten Aspekte des Themas diskutiert werden (eine kleine Checkliste zur Strukturierung von Einleitung, Hauptteil und Schluss finden Sie auf Seite 193ff.,
- diejenigen Fragen stellen, die vermutlich aus Sicht des nicht fachkundigen Publikums brennend und interessant sind,
- durch Impulsfragen zum nächsten Teilthema überleiten, wenn ein Aspekt/eine These behandelt worden ist,
- eingreifen, wenn sich ein Sprecher nicht ans Thema hält, seine Redezeit überschreitet oder unfair agiert,
- Rede- und Gegenrede zwischen den Kontrahenten auch einmal laufen lassen,
- mit den Teilnehmern von A bis Z wertschätzend umgehen und gleichzeitig konsequent den Fahrplan der Sendung einhalten.

Praxistipps für schwierige Situationen während der Diskussion

Der Moderator sollte in der Lage sein, mit Hilfe geeigneter Lenkungstechniken die folgenden Situationen zu beherrschen, die einer Gewinn bringenden Diskussion im Wege stehen:
1. Teilnehmer reden durcheinander,
2. Selbstdarsteller, die Fragen nicht beantworten,
3. Zurückhaltende Teilnehmer,
4. Diskussion verläuft uninteressant, das Publikum schaltet ab.

1. Was tun, wenn Teilnehmer durcheinander reden?

Wenn Rede- und Gegenrede eskalieren und die Zuschauer keine Chance haben, der Argumentation inhaltlich zu folgen, hat der Moderator ein „Machtwort" zu sprechen. „Wehret den Anfängen" lautet auch hier das Motto. Ein eindeutiges, starkes Signal ist notwendig, um die Wogen zu glätten und zu einer sachlichen, fairen Auseinandersetzung zurückzukehren. Wenn man die erste Störung durchgehen lässt, mindert dies die Autorität des Moderators, und es wird zunehmend schwierig, den Disput in produktive Bahnen zu lenken: Freundliche und gleichzeitig konsequente Interventionen sind notwendig.

Einige Formulierungsbeispiele:
- Dem unterbrochenen Teilnehmer zur Seite springen: „Bitte lassen Sie Herrn Maier sein Argument zu Ende führen. Danach sind Sie an der Reihe."
- Mit Nachdruck ans Regelwerk erinnern: „Halt. Hier muss ich einschreiten. Wir können nicht alle zur gleichen Zeit sprechen. Herr Maier, Sie haben das Wort …"; „Meine Herren – so kommen wir nicht weiter. Ich möchte unsere Ausgangsfrage noch einmal verdeutlichen …"; „An dieser Stelle muss ich intervenieren. Unseren Zuschauern bringt es wenig, wenn wir fortfahren, durcheinander zu reden. Herr Bauer, würden Sie Ihre Argumentation bitte zu Ende führen."
- Zum nächsten Fragenkreis übergehen: „Wie Sie sehen, sind die Positionen bei diesem Thema sehr unterschiedlich. Unsere Zuschauer werden sich ihr Urteil selbst bilden können. Ich möchte zum nächsten Punkt übergehen, Frau Schmidt. Welche Lösungsmöglichkeiten sind aus Ihrer Sicht, Frau Schmidt, praktikabel?"
- Wenn zwei Kontrahenten in ein heftiges Streitgespräch geraten, sollte der Moderator unterbrechen. Es kann dann zum Beispiel die übrigen Teilnehmer zum strittigen Thema Stellung nehmen lassen oder selbst zum nächsten Punkt überleiten.

2. Was tun, wenn versierte Selbstdarsteller Fragen nicht beantworten?

Viele Teilnehmer nutzen Diskussionsrunden und Talkshows als (vermeintlich) risikolose Plattform, sich selbst zu profilieren und Imageförderung für die eigene Partei oder Interessengruppe zu betreiben. Sie neigen dann zu langen Wortbeiträgen, die sie mit viel Engagement, großer Gestik und rhetorischem Geschick vortragen. Auf konkrete Fragen des Moderators liefern Sie keine direkten Antworten. Stattdessen werden vorbereitete Statements zu grundsätzlichen Aspekten oder zu Programmpunkten der vertretenen Institution präsentiert.

Bei schwachen Moderatoren ist es relativ einfach, im Eingangsstatement oder bei einer frühen Wortmeldung eine provokante These oder ein eindrucksvolles, emotionales Beispiel einzuführen, das den weiteren Verlauf der Diskussion maßgeblich bestimmt.

Ein starker Moderator setzt bereits in der Anfangsphase deutliche Signale. Machen Sie von der Möglichkeit Gebrauch, freundlich, aber bestimmt zu unterbrechen und an die Spielregeln (kurze Beiträge zum Thema!) zu erinnern. Frank Plasberg praktiziert das in seiner Sendung „Hart aber Fair" (WDR) recht konsequent. Er benutzt dabei zum Beispiel diese bewährten Lenkungstechniken:
- Er unterbricht den Vielredner und wiederholt seine Frage: „Entschuldigen Sie, Herr Schmidt, das war nicht meine Frage. Wie stehen Sie konkret zu dem vorgeschlagenen Modell?" oder „Herr Schmidt, welches Gegenargument ist für Sie nun das entscheidende?"
- Wenn ein Teilnehmer einen Nebenkriegsschauplatz aufmacht, ist ebenfalls sofortige Intervention angesagt: „Herr Dr. Schumann, das ist heute nicht unser Thema. Ich bitte Sie, Ihre Einschätzung zum vorliegenden Rentenmodell zu geben."
- Einen Selbstdarsteller können Sie freundlich mit dem Grundsatz der Chancengleichheit konfrontieren und danach einem anderen das Wort geben: „Herr Meier, ich bitte um kurze Beiträge, damit alle Teilnehmer ihre Argumente einbringen können."
- Wenn Sie vorher wissen, wer zur Selbstprofilierung neigt, können Sie den betreffenden Teilnehmer in einem kurzen Vorgespräch an kurze Beiträge erinnern.

3. Was tun, um zurückhaltende Teilnehmer zum Reden zu bringen?

Während der Diskussion soll der Moderator darauf achten, dass auch zurückhaltende (oft sehr kompetente) Gäste die Chance haben, wieder oder stärker am Gespräch teilzunehmen. Diese Verantwortung wird umso größer, je dominanter sich die anderen Mitstreiter in Szene setzen. Hier bewährte Interventionen:
- Der Moderator kann den stillen Teilnehmer direkt ansprechen: „Frau Dr. Müller, wie schätzen Sie aus Sicht Ihres Forschungsinstituts die Risiken ein?"
- Der Moderator kann anknüpfend an einen Zeitungsartikel oder eine

andere Nachricht eine Frage stellen: „Herr Professor Wassermann, Sie haben sich mit dem Thema ‚Elektro-Smog' länger beschäftigt. Wie beurteilen Sie die Risiken des Projekts XY?"
- Der Moderator kann körpersprachliche Signale (Kopfschütteln, skeptische Mimik, abwertende Handbewegung) des zurückhaltenden Teilnehmers als Einstieg in die Frage nutzen: „Herr Schumann, Sie schütteln den Kopf. Ich entnehme daraus, dass Sie anderer Meinung sind?"

4. Was tun, um die Diskussion interessant zu gestalten?

Mit der Wahl des Themas und der Gäste werden bereits im Vorfeld der Diskussionsrunde die Weichen für ein kurzweiliges und Gewinn bringendes Gespräch gestellt. Günstige Voraussetzungen für ein hohes Maß an Aufmerksamkeit und Interesse beim Publikum sind gegeben,
- wenn viele Menschen von dem diskutierten Thema betroffen sind (z.B. Renten, Alterspyramide, sichere Arbeitsplätze, Pisa-Studie),
- wenn das Thema in der Öffentlichkeit polarisiert und somit leidenschaftlich diskutiert wird (z.B. Hartz IV, längere Arbeitszeiten ohne Lohnausgleich, Rechtschreibreform),
- wenn das Thema einen großen Neuigkeitswert hat (z.B. Quantensprünge in Medizin und Technik),
- wenn das Thema weit reichende Konsequenzen für Natur und Menschheit hat (z.B. Klimawandel, Terrorismus),
- wenn eine emotionale Nähe zum Thema besteht (Elbe-Hochwasser 2002, Arbeitslosigkeit),
- wenn ein Thema die Welt bewegt (z.B. der erste Mensch im All, Terroranschlag vom 11. September 2001),
- wenn ein Ereignis außergewöhnliches Aufsehen erregt (z.B. Absturz der Raumfähre Challenger, plötzlicher Rücktritt von Lafontaine, SPD rutscht bei der Landtagswahl unter 20 Prozent).

Neben der Wahl des Themas gibt es eine Reihe weiterer Faktoren, die von den Zuschauern als negativ wahrgenommen werden. Dies belegen Befragungen und die Analysen sinkender Einschaltquoten recht eindeutig:
- Die Diskussionsgäste drücken sich unverständlich aus und benutzen eine abstrakte Expertensprache.
- Der rationale Anteil der Diskussionsbeiträge überwiegt, der Unterhaltungswert kommt zu kurz.
- Es wird mit Zahlen, Statistiken und Untersuchungen argumentiert, die niemand nachprüfen kann.

- Einzelne Teilnehmer neigen zur Selbstdarstellung und überziehen ihr Redekonto.
- Der Moderator stellt Fragen, die nichts oder wenig mit dem Alltag der Zuschauer zu tun haben, sodass Punkte diskutiert werden, die niemanden interessieren.
- Emotionale Angriffe, pauschale Schuldzuweisungen und rhetorische Rituale nach dem Muster „Greif' den Gegner an, wenn Du schlechte Karten hast" führen leicht dazu, dass die Zuschauer das Interesse verlieren und abschalten.

4 Was können Manager von Politikern lernen?

Für politische Akteure ist es heute eine Statusfrage, in Funk und Fernsehen präsent zu sein. Es gehört für führende Persönlichkeiten zum kommunikativen Rüstzeug, vor Mikrofon und Kamera zu bestehen. Medienpräsenz eröffnet die Chance, Aufmerksamkeit zu wecken und dadurch eigene Überlegungen vorzustellen. Was Wirtschaftsführer aus der politischen Kommunikation lernen können, hat Peter Radunski (2002), ehemaliger Bundesgeschäftsführer und Wahlkampfmanager der Union, auf die folgenden Kernpunkte verdichtet:

1. Keine Scheu vor den Medien: Persönliche Kommunikationsausstattung und althergebrachte PR reichen nicht aus. Medienarbeit muss professionell modernisiert und der Medienlogik angepasst sein. Wer als Manager die Medien richtig nutzt, erweitert seinen Gestaltungsspielraum.

2. Begründung einer sachlichen und offenen Zusammenarbeit mit den Journalisten: Das heißt auch, Fehler und Schwächen einzugestehen, bevor andere sie hervorzerren. Trotz ärgerlicher Vorgänge sollte nie der Kontakt mit kritischen Journalisten aufgegeben werden.

3. Ständige Bereitschaft zum Dialog mit allen Teilen der interessierten Öffentlichkeit: Keine Gruppe darf ausgeschlossen bleiben. Dialogbereitschaft ist wichtiger als reine Verlautbarung.

4. Ein Kommunikationsteam aufstellen, das ständig zu schnellen und kompetenten Antworten, Reaktionen, aber auch Aussagen fähig und legitimiert ist.

5. Inszenierung von öffentlichen Auftritten, um Bilder zu produzieren.

6. Eine Botschaft ist Inhalt der gesamten Unternehmenskommunikation: Hier geht es um eine gut ausgearbeitete, recherchierte Aussage, die gewissermaßen die Überschrift für alle kommunikativen Tätigkeiten des Unternehmens ist.

7. Die Personalisierung jeder Botschaft und Unternehmenskommunikation entspricht der Medienlogik.

8. Der Kampf um Aufmerksamkeit ist das taktische Ziel jeder Unternehmenskommunikation: Was nicht in den Medien vorgebracht wird, gilt nicht und hat nicht stattgefunden.

9. Die Chefs der Unternehmung müssen zu Auftritten in Talkshows und Unterhaltungssendungen bereit sein: Mit Medienpräsenz wird Prominenz, wird schließlich Glaubwürdigkeit erzielt. Es bieten sich Chancen, Unternehmensbotschaften darzustellen.

10. Zur Personalisierung, Visualisierung und zum Tempo der Kommunikation kommt die Unterhaltung als „Emotiotainment" hinzu: Hier hat die Politik umlernen müssen, die Wirtschaft wird folgen.

10 Pressekonferenzen
Die wichtigsten Fehler vermeiden

> Die Presse ist die
> Artillerie der Freiheit.
>
> Hans-Dietrich Genscher

In diesem Kapitel erfahren Sie,

- welche Chancen Pressekonferenzen bieten,
- wie Sie Fehler bei Pressekonferenzen vermeiden.

1 Die Chancen von Pressekonferenzen

Pressekonferenzen sind dialogische Veranstaltungen, bei denen die Aufmerksamkeit der geladenen Journalisten auf bestimmte Sachthemen und das eigene Unternehmen gelenkt werden soll. Es geht stets darum, bei Multiplikatoren der Medienzunft Publizität zu gewinnen sowie Informations- und Überzeugungsarbeit zu leisten. Während Pressemitteilungen und Internet vorrangig Instrumente zur einseitigen Information darstellen, bieten Pressekonferenzen zusätzliche Chancen:
- Sie können komplexe und schwierige Themen im Zusammenhang darstellen und die geladenen Journalisten auf den von Ihnen gewünschten Sachstand bringen.
- Sie können die Aufmerksamkeit auf relevante Aspekte lenken und durch visuelle Unterstützung die Kernbotschaften nachhaltiger beim Zuhörer verankern.
- Sie können Ihre Botschaften und Ihr Unternehmen durch Ihren Auftritt personalisieren und so „unterschwellig" Glaubwürdigkeit, Sympathie und Vertrauen fördern.
- Sie haben Gelegenheit, Fragen der Medienvertreter zu beantworten und dadurch Missverständnisse auszuräumen.
- Sie können durch persönlichen Kontakt die Beziehung zu den Journalisten entwickeln, und zwar vor, während und nach der Veranstaltung.

Diese Chancen können allerdings nur dann ausgeschöpft werden, wenn der Anlass der Pressekonferenz den geladenen Journalisten einen nachhaltigen

Nutzen verspricht. Für sie ist entscheidend, dass die dargebotenen Themen einen Neuigkeits- und Informationswert haben und ihre Zielgruppen* ansprechen. Das Ergebnis der Veranstaltung sollte deren zeitlichen Aufwand rechtfertigen. Der „worst case" wäre gegeben, wenn die Geladenen mit dem Gefühl nach Hause fahren, dass die Veranstaltung nichts Neues gebracht hat und eigentlich überflüssig war. Die Übersicht zeigt mögliche Anlässe für Pressekonferenzen.

Mögliche Anlässe für Pressekonferenzen

- Vorlage des Geschäftsberichts
- Veröffentlichung der Bilanz eines Unternehmens
- Bedeutende Forschungs- und Entwicklungsergebnisse
- Innovative Produkte
- Neue Arbeitszeitmodelle
- Dramatische Personalentlassungen
- Fusionen, Umstrukturierungen, Standortverlagerungen
- Bedeutende personelle Veränderungen (Präsentation des neuen Vorstands)
- Übernahme eines anderen Unternehmens
- Weit reichende Veränderungen der Eigentumsverhältnisse (z.B. neue Beteiligungen)
- Sponsoring-Aktivitäten
- Einweihung neuer Gebäude
- Besondere Jubiläen
- Unfälle mit großem Sach- und/oder Personenschaden (siehe Kapitel 11)

„Qualitätswahrnehmung aus Journalistensicht" lautet die übergreifende Orientierung, wenn Sie optimale Ergebnisse bei Pressekonferenzen erreichen wollen. Achten Sie also darauf, dass die Medienvertreter an allen Kontaktpunkten vor, während und nach der Pressekonferenz einen positiven Eindruck haben. Durch eine professionelle Organisation und Vorbereitung schaffen Sie die Voraussetzungen für eine reibungslose Durchführung.

---

* Sind Fachjournalisten geladen, können dies recht spezielle Zielgruppen sein, beispielsweise die Leser von Wirtschaftszeitungen und -magazinen (Handelsblatt, Financial Times usw.) oder technisch interessierte Gruppen (z.B. VDI-Nachrichten).

2 Wie Sie wichtige Fehlerquellen bei Pressekonferenzen vermeiden

Die folgenden Ausführungen sollen für die Fehlerquellen sensibilisieren, die den Erfolg Ihrer Pressekonferenz gefährden können.

Fehlerquellen bei Pressekonferenzen

- Zu viele Personen bei unklarer Rollenverteilung auf dem Podium
- Zu lange Dauer der Pressekonferenz
- Langweiliger Vortragsstil und Folienschlachten
- Anspringen auf Reizthemen, Fangfragen und unsachliche Spielarten
- Mangelnde Sensibilität für die emotionalen Bedürfnisse der Journalisten

Zu viele Personen bei unklarer Rollenverteilung auf dem Podium

Grundsätzlich sollten nur diejenigen Personen an der Pressekonferenz teilnehmen, die für die Journalisten interessante Informationen zum Thema beisteuern können. Wie viele Unternehmensvertreter an einer Pressekonferenz teilnehmen, hängt von der Komplexität und Wichtigkeit des Themas ab. Eine Faustregel lautet: Mindestens zwei bis maximal fünf Personen auf dem Podium.

Diese Personen sollten so ausgewählt werden, dass die Zuhörer verschiedene Sichtweisen des Themas kennen lernen und dadurch einen wirklichen Mehrwert erleben. Um die Beiträge aufeinander abzustimmen und mögliche Überschneidungen gering zu halten, empfiehlt sich eine kurze Besprechung mit allen Beteiligten aus dem Unternehmen vor der Pressekonferenz. Bei kritischen Themen kann der Ablauf in einer realitätsnahen Simulation durchgespielt werden. Wenn möglich, sollten dabei auch die geplanten Medien (Powerpoint, Filme, Animationen u.a.) eingesetzt werden. Dies hat den Vorteil, dass jeder seine Rolle kennt und weiß, was der andere sagen wird. Nutzen Sie diese Gelegenheit, um differenziertes Feedback zur Gesamtwirkung des Auftritts (Statements, Präsentationen, Moderation) einzuholen und daraus zu lernen. Beantworten Sie vor allem drei Fragen: Kommen die Kernbotschaften zum Thema verständlich rüber? Hält sich jeder an sein Zeitbudget? Stimmt die Dramaturgie? Sprechen Sie auch Ihre Reaktionen bei kritischen Fragen der Journalisten durch. Legen Sie fest, welche sensiblen Punkte nicht angesprochen werden sollen.

Da die Federführung für die Pressekonferenz in der Regel beim Pressesprecher liegt, sollte er auch die Moderation (Prozesskompetenz) übernehmen. Er kennt die Journalisten am besten und kann diese auch mit ihrem Namen ansprechen. So können sich der Geschäftsführer und die übrigen Manager auf die Sachthemen konzentrieren. Zu den Aufgaben der Moderation gehören die Elemente: Begrüßung und Eröffnung der Pressekonferenz, Informationen zum Ablauf und zum Zeitrahmen, kurze Vorstellung der Vertreter des Unternehmens, Überleitung zu den einzelnen Statements/Präsentationen sowie Leitung der Fragerunde. Falls Sie in einem kleineren Unternehmen keinen Pressesprecher haben, kann ein Mitglied der Geschäftsführung den Part des Moderators übernehmen.

Zu lange Dauer der Pressekonferenz

Von sehr komplexen Anlässen abgesehen, sollten die einleitenden Beiträge der Unternehmensseite insgesamt nicht länger als eine halbe Stunde dauern. Sonst laufen Sie Gefahr, dass die Aufmerksamkeit beim Zuhörer sinkt und Unruhe im Plenum aufkommt. Je nach Thema und Ziel sind verschiedene Varianten denkbar. Bei der Präsentation des Geschäftsberichts wird der Vorstandsvorsitzende den Eröffnungsvortrag in der Regel allein bestreiten. Bei einem Unglück mit Personenschäden sind vielleicht eine Kurzpräsentation und ergänzende Statements angebracht. Bei einer Produktinnovation könnte sich das Zeitbudget von knapp 30 Minuten so aufteilen: 7 Minuten für den Geschäftsführer zur strategischen Bedeutung des neuen Produkts; 10 Minuten für den Leiter der F&E-Abteilung, der anhand einer Animation das Grundprinzip der neuen Technologie darstellt. Schließlich bleiben dem Vertriebschef weitere 10 Minuten, um den Nutzen aus Kundensicht und die Marktchancen des neuen Produkts herauszustellen. Dann folgt die Fragerunde.

Die Medienvertreter werden es honorieren, wenn Sie darauf verzichten, jedes Detail darzustellen. Sie sammeln Sympathiepunkte, wenn Sie in der Pressekonferenz darauf hinweisen, dass Sie nicht auf die sehr speziellen Inhalte eingehen werden, weil Sie diese in der Pressemappe für jeden Teilnehmer bereitgestellt haben.

Langweiliger Vortragsstil und Folienschlachten

Ein ausformuliertes Manuskript verführt dazu, den Text ohne innere Beteiligung, ohne Modulation und Pausen abzulesen. Wenn dann noch der Blick aufs Papier oder Leinwand fixiert ist, sind Desinteresse und Langeweile der Zuhörer programmiert.

Deshalb lautet der erste Tipp: Sprechen Sie anhand von Stichwörtern. Wenn dies zu risikoreich erscheint, können Sie Ihr Manuskript – wie auf Seite 160 dargestellt – aufbereiten. Der zweite Tipp: Nutzen Sie Floskeln der „pädagogischen Rhetorik", um die Kernbotschaften hervorzuheben (siehe Seite 51ff.). Der dritte Tipp: Wecken und erhalten Sie die Aufmerksamkeit der Zuhörer durch wechselnde Reize. Dazu gehören anschauliche Beispiele und Analogien genauso wie ein attraktiver Einleitungsgedanke und auflockernde Elemente wie Fotos, rhetorische Fragen oder Anekdoten. Bedenken Sie auch, dass die unterstützenden Charts „hirngerecht" gestaltet sind und vom Zuhörer verarbeitet werden müssen. Faustregel: Zwei Minuten pro Chart. Weiterführende Empfehlungen finden Sie in den Kapiteln zur Rhetorik und Präsentationstechnik (vgl. auch Thiele 2000, Hierhold 2002 u.a.).

Fassen Sie am Ende Ihres Vortrags die Quintessenz in drei bis vier einfachen, anschaulichen und einprägsamen Kernbotschaften zusammen.

Anspringen auf Reizthemen, Fangfragen und unsachliche Spielarten

In der Aussprache, die der Moderator leitet, werden die Fragen in der Reihenfolge der Wortmeldungen beantwortet. Es können auch Fragen zu bestimmten Sachthemen gebündelt werden („Gibt es zu diesem Themenkreis weitere Fragen?"). Bei der Beantwortung der Fragen ist es außerordentlich wichtig, gut zuzuhören und auf Fangfragen und Manipulationsversuche (z.B. durch Unterstellungen, hypothetische Szenarien oder negative Begriffe) gekonnt zu reagieren. Wenn es in Rede und Gegenrede eng werden sollte, können Sie auf Ihre Kernbotschaften zurückgehen, die als „Inseln im Wasser" oder als „Fuchsbau" fungieren. Wie Sie am besten mit unfairen und schwierigen Fragen des Journalisten umgehen, ist im Einzelnen in Kapitel 5 dargestellt. Vergessen Sie unter keinen Umständen, in einer „Advocatus Diaboli"-Übung einen Katalog mit schwierigen und brisanten Fragen sowie mit den darauf geeigneten Reaktionen zusammenzustellen.

Mangelnde Sensibilität für die Bedürfnisse der Journalisten

Jeder Journalist hat neben den konkreten Erwartungen an das Thema der Pressekonferenz allgemeine Bedürfnisse, die mit seiner Persönlichkeit und

seinem Selbstwertgefühl zu tun haben. Unter diesem Blickwinkel möchten die geladenen Medienvertreter
- eine persönliche Begrüßung, die Wertschätzung signalisiert,
- sich bei Ihnen in guten Händen fühlen,
- einen Vortragsstil, der das Wesentliche verständlich macht und der mitreißt,
- ausreichend Spielraum für Fragen, Einwände und sonstige Beiträge haben,
- Erfolgserlebnisse haben,
- dass Sie die vereinbarten zeitlichen und sonstigen Rahmenbedingungen berücksichtigen,
- dass abweichende Meinungen respektiert werden und auf Dominanzgebärden verzichtet wird,
- dass Sie selbst hinter Ihrem Produkt und Ihrem Unternehmen stehen.

Bei diesen Aspekten geht es vorrangig um die Frage, wie die Journalisten Ihr Verhalten wahrnehmen, wie Sie die Beziehung zu ihnen gestalten und in welchem Maße Sie deren emotionalen Bedürfnisse berücksichtigen.

11 Krisenkommunikation
Auch bei Gegenwind glaubwürdig bleiben

> Krisen meistert man am besten,
> indem man ihnen zuvorkommt.
>
> Walt Whitman Ristow

Inhalte dieses Kapitels:

1. Was ist eine Krise?
2. Orientierungen für die Krisenkommunikation
3. Qualitätsstandards für praxisbezogene Krisentrainings
4. Psychologisch agieren in Notfallsituationen

Die Bedeutung der Krisenkommunikation für ein Unternehmen wurde anhand zahlreicher Krisensituationen der letzten Jahre deutlich. Erinnert sei an das Unglück des schweizerischen Chemieunternehmens Sandoz und den Skandal um die Öllagerplattform Brent Spar. Brent Spar war neben der ökologischen Katastrophe auch ein kommunikativer GAU und belastet die Marke Shell bis auf den heutigen Tag. Durch anfängliches Verschweigen und später durch unprofessionelle und unglaubwürdige Krisenkommunikation beschädigte Shell einen großen Teil seines in Jahrzehnten aufgebauten guten Ansehens in der Öffentlichkeit. Aus diesem Krisenfall kann man lernen, wie risikoreich es ist, zum einen die Sensibilität der Bevölkerung zu unterschätzen und zum anderen zu spät wahrheitsgemäß, schnell und umfassend zu informieren. Die öffentliche Meinung verhält sich, wie Roland Berger es einmal ausdrückte, wie die rollende Ladung auf einem Schiff: Sie ist nicht nur hoch gefährlich für den Frachter, sondern auch schwer vorauszuberechnen.

Eines von vielen Beispielen für gelungene Krisenkommunikation ist jene im Zusammenhang mit der A-Klasse von Daimler-Benz. Dort setzte man in der Öffentlichkeitsarbeit auf offene, frühzeitige und sachgerechte Kommunikation. Durch Rückruf von 100.000 Fahrzeugen und Nachrüstung im Wert von damals 300 Millionen Mark konnte ein nachhaltiger Schaden für Vertrauen und Glaubwürdigkeit nicht nur vermieden, sondern sogar in einen Imagegewinn für das Unternehmen umgewandelt werden. Das lässt sich jedenfalls aus den Verkaufszahlen der A-Klasse und den Imageanalysen ableiten.

1 Was ist eine Krise?

Krisen sind gefährliche Situationen, die die Existenz von Unternehmen bedrohen können. Je nach Art und Intensität sind sie durch ein hohes Potenzial unterschiedlicher Emotionen, vor allem weit verbreiteter Ängste bei den Anspruchsgruppen und in der Öffentlichkeit, gekennzeichnet. Die zentrale Aufgabe der Krisenkommunikation besteht darin, Schaden vom Unternehmen abzuwenden und im günstigsten Fall gestärkt aus der schwierigen Situation hervorzugehen.

Unternehmen sind heute mehr denn je von Krisen bedroht. Dazu tragen nicht nur der Wertewandel in der Bevölkerung (z.B. erhöhte Sensibilität für Umweltfragen) und der zunehmende Qualitäts- und Verdrängungswettbewerb bei, sondern auch die Medien. Sie bemühen sich nachhaltig, Krisen aufzuspüren und der Öffentlichkeit anschaulich zu präsentieren (vgl. Mast 2002). Weil Krisen weit reichende Folgen für die Zukunft eines Unternehmens haben können, sind sie eine wichtige Herausforderung für die externe Kommunikation.

Krisensituationen lassen sich mit Hilfe der Merkstütze ETHOS (siehe Seite 87) danach gliedern, ob sie ihren Auslöser (und ihre Auswirkungen) im wirtschaftlichen, im technischen, im menschlichen, im organisatorischen oder im politischen/gesellschaftlichen Bereich haben. Dass es Interdependenzen und Schnittmengen zwischen den Krisentypen gibt, versteht sich von selbst.

Ökonomischer Bereich

- Wirtschaftliche Krisen: verursacht durch sinkende Gewinne, Kurseinbrüche an den Börsen, Fehlinvestitionen, Verdrängungswettbewerb, feindliche Übernahme.
- Produktkrisen: bedingt durch angebliche oder tatsächliche Produktfehler/Qualitätsmängel (z.B. A-Klasse, Space-Shuttle „Challenger"), Produktmissbrauch oder Produktsabotage.

Technischer Bereich

- Technisch-ökologische Krisen: verursacht durch Störfälle oder Unglücke, bei denen Schadstoffe in die Umwelt gelangen und/oder Menschen gefährdet sind (z.B. Ölkatastrophe der Exxon Valdez 1989 in Alaska, Absturz der Concorde 2000).

Menschlicher und organisatorischer Bereich

- Innerbetriebliche Krisen: bedingt durch drastischen Personalabbau, Erhöhung der Arbeitszeit ohne Lohnausgleich, Streiks, Führungsprobleme.
- Krisen bedingt durch organisatorische Umstrukturierungen und Standortverlagerungen.
- Krisen durch Computerzusammenbruch.

Umweltbereich

- Politisch-ideologische Krisen: verursacht durch eine (feindliche) Interessengruppe, die das Unternehmen als Zielobjekt für ökologische Aktionen ausgewählt hat (z.B. Aktionen gegen Castortransporte oder Kernkraftwerke).
- Politische Krisen (z.B. Niederlassungen/Produktionsstätten in Kriegs- oder kriegsgefährdeten Gebieten, Gefahr eines Putsches).
- Terroranschläge.
- Krise infolge einer Erpressung (z.B. Entführung von Mitarbeitern).
- Krisen infolge von Virenattacken (z.B. Mydoom).
- Krisen infolge von Naturereignissen (z.B. Erdbeben, Orkane).

Auch wenn diese Krisensituationen heterogen sind, gibt es doch eine Reihe gemeinsamer Charakteristika:
- Krisen kommen überraschend und unerwartet. Dies reduziert die Reaktionszeit und erhöht das Stress-Niveau für Management, Pressesprecher und andere beteiligte Mitarbeiter.
- Krisensituationen bringen häufig eine Eigendynamik mit sich: Sie können sich schnell ändern und eskalieren.
- Das Management hat ungenügende Informationen und muss trotzdem (unter Unsicherheit) Entscheidungen treffen.
- Die Stellungnahmen und Reaktionen des Unternehmens erzeugen eine intensive, öffentliche Aufmerksamkeit. Die Öffentlichkeit ist sehr sensibel bei Ungereimtheiten.

Krisenkommunikation kommt zum Tragen, wenn eine Krise eingetreten ist. Als Manager haben Sie an der leitenden Zielsetzung mitzuwirken, den Bezugsgruppen ein Vorstellungsbild über die Krise zu ermöglichen sowie über Ursachen und Verlauf genauso wie über die Aktivitäten des Unternehmens zu informieren. Für alle Akteure kommt es darauf an, die Auswirkungen der Krise für die Bezugsgruppen so gering wie möglich zu halten. An vorderster Stelle steht die Interaktion mit den Meinungsbildnern, um so einen Verlust an Vertrauen und Glaubwürdigkeit zu begrenzen.

Bevor konkrete Praxistipps für Interviews in Notfällen gegeben werden, lernen Sie zunächst Orientierungen für gelungene Krisenkommunikation und Qualitätsstandards für Krisentrainings kennen.

2 Übergreifende Orientierungen für die Krisenkommunikation

Ein nachhaltiger, vertrauensvoller Dialog zu den Bezugsgruppen und eine effiziente Krisenprävention, um im Falle einer Krise die Glaubwürdigkeitsverluste und die übrigen Risiken zu minimieren, sind geboten:

- Setzen Sie auf kontinuierliche Vertrauensbildung

Die langfristige und vertrauensvolle Kommunikation zu den Bezugsgruppen Ihres Unternehmens zahlt sich in Krisensituationen aus. Vertrauen kann man in einer Krise nicht kommunizieren, man muss es sich schon vorher verdient haben. Vertrauen bedeutet, sich auf einen anderen und dessen Zusagen verlassen zu können. Es ist für die Bezugsgruppen deshalb so wichtig, weil sich für sie das wahrgenommene Risiko verringert, von der Organisation und deren Leistungen enttäuscht zu werden. Je intensiver sich eine Organisation mit ihren Bezugsgruppen austauscht, desto stärker wächst das ihr entgegengebrachte Vertrauen (vgl. Herbst 2002).

- Setzen Sie auf Krisenprävention

Wichtige Instrumente und Voraussetzungen hierfür sind: Krisenkommunikationspläne, Simulation des Ernstfalls anhand von Krisenszenarien, Festlegung eines qualifizierten Teams, das in einer Krisensituation bereitsteht, Notfallpläne und Checklisten für den Ernstfall, Rettungspläne, Unternehmensbotschaften und F&A-Listen für mögliche Krisenszenarien sowie ein Krisenmanual, das alle Dokumente, Abläufe, Instrumente, Personen, Adressen und Verhaltensregeln für den Krisenfall zusammenfasst (Möhrle 2004).

- Setzen Sie auf einen offenen Dialog

Ihren Anspruchsgruppen können Sie auf die Dauer nichts Wesentliches verheimlichen. Wer ein vorhandenes Problem verleugnet, verschärft die Krise und verliert Glaubwürdigkeit und Vertrauen. Bedenken Sie, dass in der Medienlandschaft alles rascher publik wird, als man annimmt. Eine offensive, durchdachte Informationspolitik trägt dazu bei, dass das Medieninteresse schneller abnimmt und sich die Dauer der Krise dadurch verkürzt. Untätigkeit bringt in der Regel zwei Nachteile mit sich: Die Emotionen eskalieren, und Sie geben das Heft des Handelns aus der Hand.

- Kommunikation in der Krise ist Chefsache
Ihre Anspruchsgruppen erwarten, dass Sie sich in kritischen Situationen zeigen, Position beziehen und Fragen der Kunden, Journalisten und Analysten beantworten. Für Ihre Auftritte gelten die an anderer Stelle im Einzelnen behandelten Kriterien, also insbesondere emotionale Glaubwürdigkeit und Einfühlungsvermögen für die Ängste und Sorgen der Betroffenen sowie eine verständliche Sprache.

- In jeder Krise steckt auch eine Chance
Krisensituationen enthalten in vielen Fällen auch eine innovative Komponente. Sie können – wie Claudia Mast (2002) hervorhebt – einen unternehmerischen Impuls mit sich bringen, zum Überdenken von Routinen anregen und auf organisatorische und personelle Schwachstellen aufmerksam machen. Mit einer Krisenprävention haben Sie die Chance, das Potenzial möglicher Krisenfälle abzuschätzen und Vorsorgemaßnahmen zu treffen. Dadurch kann eine Krise sogar zu einer positiven Neuorientierung des Unternehmens beitragen.

Die Instrumente zur Krisenprävention können nur greifen, wenn die betroffenen Mitarbeiter durch Schulungen auf kritische Situationen („Worst-case"-Szenarien) vorbereitet worden sind. Und zwar nicht nur kognitiv. Das Training der kommunikativen Kompetenzen hat hierbei einen besonders hohen Stellenwert, weil das Verhalten in extremen Stress-Situationen im normalen Alltag nicht trainiert werden kann. Das kommunikative Rüstzeug für die erfolgreiche Bewältigung von Krisensituationen lässt sich am besten in speziellen Medientrainings vermitteln. Dabei üben Manager, Sprecher und Spezialisten, wie man sich in unternehmenstypischen Krisenszenarien behauptet und mit kommunikativen Stress-Situationen besser zurechtkommt.

3 Qualitätsstandards für praxisbezogene Krisentrainings

Sie schaffen beste Voraussetzungen für effiziente und motivierende Trainings, wenn Sie sich an den folgenden Kriterien orientieren:

- Realitätsnahe Krisenszenarien des Unternehmens simulieren den Ernstfall. Diese Szenarien sind Leitfaden und Drehbuch der Kommunikationstrainings. Die Krisenszenarien bilden die Grundlage für die Reflexionen und Übungen im Seminar. Sie sollten in enger Abstimmung zwischen Trainer, Presseabteilung und Management definiert werden. Ein Maximum an Praxisbezug sichert einen hohen Motivationsgrad der Teilnehmer und gute Transfererfolge im Krisenfall.
- An den Trainings sollten alle Führungskräfte teilnehmen, die im Ernstfall für Medienkontakte infrage kommen. Dazu gehören vor allem Geschäftsführer, Vorstandsmitglieder, Sicherheitsbeauftragte und Pressesprecher. In Großunternehmen ist es ratsam, Medientrainings modular und zeitlich verteilt zu konzipieren, sodass die trainierten Szenarien auch wirklich zu den jeweiligen Führungsebenen und Funktionsbereichen passen.
- Im Mittelpunkt des Medientrainings sollten die wichtigsten journalistischen Standardsituationen stehen, also Statements, Stress-Interviews sowie Krisenpressekonferenz. Videogestützte Übungen und differenziertes (kriterienorientiertes) Feedback eröffnen dem Einzelnen die Chance, seine Stärken sowie Verbesserungspotenziale zu erkennen und gezielte Fortschritte zu machen.
- Das Trainerteam sollte journalistische, didaktische sowie kommunikative Kompetenzen bündeln. Ein gelernter (Wirtschafts-)Journalist mit Fernseh- und/oder Hörfunkerfahrung, ein unterstützender Kameramann sowie ein erfahrener Managementtrainer bieten die beste Gewähr für professionelle Trainings.
- In jedem Falle ist ein eingehendes Briefing des Trainerteams notwendig, um die Besonderheiten, Risikopotenziale und das journalistische Umfeld des Unternehmens kennen zu lernen, damit die Inhalte auf die unternehmerischen Gegebenheiten zugeschnitten werden können.

4   Psychologisch agieren in Notfallsituationen – Ein Beispiel zum Anfassen

In einem Medientraining werden Manager und die übrigen Teilnehmer auf Statements im Falle einer Krise oder eines Unglücks vorbereitet. Sie lernen dabei, gelassen und sachgerecht auf Fangfragen, Angriffe und kritisches Nachfassen der Journalisten zu reagieren. Insbesondere geht es darum, psychologische Fehler zu vermeiden und dialektische „Fallstricke" im Kontakt mit Journalisten frühzeitig zu erkennen.

Im Folgenden wird anhand eines Krisenszenarios gezeigt, worauf Sie als Krisenmanager achten sollten (das Praxisbeispiel ist in modifizierter Form dem Buch „Crashkurs Medienauftritt" von Wolf-Henning Kriebel entnommen).

Das Krisenszenario

In einem Werk eines Automobilherstellers kommt es zur Explosion eines Heizöltanks. Die Folge: Dichte Rauchschwaden ziehen über den nahen Wohnort. Gleichzeitig sickert Heizöl in das Erdreich. Stechender Geruch und Atembeschwerden machen den betroffenen Anwohnern zu schaffen. Ein Kamerateam wittert eine Story und erreicht etwa zeitgleich mit Feuerwehr und Polizei das Werksgelände.

Sie sind als Krisenmanager etwa eine halbe Stunde nach der Explosion vor Ort und stellen sich den Fragen des aggressiv auftretenden Reporters.

Die negative Variante: Sie springen auf Fangfragen an …

Reporter	„Das ist ja eine riesige Rauchwolke. Was ist hier passiert?"
Manager	„In dem Werk dort drüben ist es in einem Heizöltank zu einer Explosion und dann zu dieser Rauchentwicklung gekommen. Das sieht gefährlicher aus als es ist."

Reporter	„Was macht denn der Notarztwagen hier?"
Manager	„Drei Arbeiter haben Verbrennungen erlitten und werden daher ins Hospital gebracht."

Reporter	„Aber Sie sagten doch eben, es sei nicht gefährlich."
Manager	„Nun dramatisieren Sie den Vorfall mal nicht."

Reporter	„Ich dramatisiere da nichts. Auch Anwohner, die mit dem Rauch in Kontakt gekommen sind, haben Atembeschwerden. Wer hilft denen?"
Manager	„Weiß ich nicht. Die sollten zu ihrem Hausarzt gehen."

Reporter	„Ist die Rauchwolke giftig?"
Manager	„Nein. Sie können da ganz beruhigt sein."

Reporter	„Was ist denn da drin in der Rauchwolke?"
Manager	„Das weiß ich nicht."

Reporter	„Eben sagten Sie, die Rauchwolke sei nicht giftig. Nun sagen Sie, Sie wissen es nicht. Was ist denn richtig?"
Manager	„Ich bleibe dabei. Der Rauch ist nicht giftig. Das können Sie mir glauben."

Reporter	„Sind da Dioxine oder andere Giftstoffe drin?"
Manager	„Nein. Das kann ich ausschließen."

Reporter	„Aber viele Anwohner haben Atembeschwerden. Was machen Sie, wenn nun doch Dioxine oder andere Giftstoffe nachgewiesen werden?"
Manager	„Die Atembeschwerden haben nichts mit Dioxin zu tun. Die Rauchpartikel sind allenfalls mindergiftig."

Reporter	„Also doch giftig."
Manager	„Sie dramatisieren wieder."

Reporter	„Nein. Ich finde nur, die Öffentlichkeit hat ein Anrecht darauf, die Wahrheit zu erfahren. Und Sie haben zu den realen Gefährdungen bisher nichts gesagt."
Manager	„Ich habe Ihnen alles gesagt, was ich weiß."

Reporter	„Als Fazit bleibt festzuhalten, dass die Gefahren für die Menschen offenbar heruntergespielt werden sollen. Hoffen wir, dass es bei den betroffenen Anwohnern nicht zum Schlimmsten kommt."

Kurzanalyse des Interviews

Der Krisenmanager ging offenbar schlecht vorbereitet in das Interview. Er hat sich nicht an den Grundsatz gehalten, dem Reporter nur das zu sagen, was er weiß – und sonst nichts. In dem Praxisbeispiel lässt er sich zu Aussagen drängen, die gar nicht abgesichert sind. Vermeiden Sie daher spekulative Festlegungen und Vermutungen, die sich später als falsch herausstellen können und Ihre Glaubwürdigkeit und Seriosität mindern.

Die positive Variante: Sie bleiben konsequent bei Ihren Kernbotschaften

Kurz nach der Explosion holen Sie Ihr vorstrukturiertes Merkblatt für ein Notfallstatement (siehe Kasten) aus der Schublade.

Merkpunkte für ein Notfallstatement

1. Was ist wo und wann passiert?
2. Wer ist zu Schaden gekommen?
3. Was wissen wir bisher über die Auswirkungen?
4. Was haben wir bisher unternommen?
5. Was sind die nächsten Schritte?

Notieren Sie in Stichworten, was Sie sagen wollen. Bleiben Sie konsequent bei den Fakten und Ihren Kernbotschaften. Bedenken Sie das Prinzip der selektiven Wahrheit: Was Sie sagen, sollte wahr sein. Aber Sie müssen nicht alles sagen, was Sie wissen. Lassen Sie Platz auf dem Zettel, damit Sie neue Informationen rasch notieren können.

Fakten/Kernbotschaften für das Notfallstatement	Platz für ergänzende Notizen
1.	
2.	
3.	
4.	
5.	

So könnten Ihre Notizen für ein Notfallstatement aussehen:
- Gegen Mittag ist es im Werk XY zu einer Explosion an einem Heizöltank gekommen. Die Ursache kennen wir noch nicht.
- Drei Arbeiter haben Verbrennungen erlitten und sind im Krankenhaus.
- Heizöl sickert ins Erdreich. Eine Rauchwolke zieht über das nahe Wohngebiet. Wir haben daher die Bevölkerung gebeten, vorläufig in ihren Häusern zu bleiben, bis wir genau wissen, was in der Rauchwolke enthalten ist. Die Messungen beginnen in diesen Minuten.
- Die Feuerwehr ist im Einsatz. Sie hat den Brand unter Kontrolle und konnte dafür sorgen, dass kein weiteres Heizöl ins Erdreich gelangt. Wegen des Unglücks ist die Produktion in dem Werk bis auf Weiteres eingestellt worden.
- Morgen früh um 10.00 Uhr werden wir in einer Pressekonferenz im Gebäude xy nähere Informationen zu dem Unglück geben können.

Falls es im Interview zu „brisanten" Fragen kommt, könnten Sie so oder so ähnlich antworten. Wichtig ist stets, auf dem eigenen Spielfeld zu bleiben. Bringen Sie nur die Fakten, die Sie haben. Lassen Sie sich unter keinen Umständen durch Fangfragen oder unsachliche Taktiken zu gewagten, spekulativen Aussagen verleiten. Wie Sie dies konkret umsetzen könnten, zeigen diese Formulierungsbeispiele:

Reporter	„Ist die Rauchwolke gefährlich?"
Manager	„Das wissen wir noch nicht. Der Messwagen ist bereits im Einsatz."

Reporter	„Sind Dioxine oder andere Giftstoffe in dem Rauch?"
Manager	„Dazu haben wir noch keine Informationen. Vorsorglich haben wir die Anwohner gewarnt."

Reporter	„Was raten Sie den Anwohnern, die Atembeschwerden haben?"
Manager	„Wir raten, vorläufig die Fenster und Türen zu schließen und sich vorsorglich mit dem Hausarzt in Verbindung zu setzen."

Reporter	„Wie konnte es zu dem Unglück kommen?"
Manager	„Das wissen wir noch nicht."

Reporter	„Wie konnte das Feuer überhaupt ausbrechen? Ihr Unternehmen hat doch immer behauptet, es sei alles sicher."
Manager	„Ich kann Ihnen Ihre Frage wirklich nicht beantworten. Ich habe Ihnen alles gesagt, was wir bis jetzt wissen. Morgen in der Pressekonferenz werden wir Ihnen weitere Informationen geben können."

Springen Sie niemals auf Reizthemen oder hypothetische Fragen des Reporters an. Sensibilisieren Sie sich für die Spielarten der unfairen Dialektik und Rabulistik (siehe Kapitel 5).

Trainieren Sie, auch in Stress-Situationen gelassen und ruhig zu bleiben. Lassen Sie sich durch die Emotionen Ihres Gegenüber und dessen aggressiven Fragestil nicht provozieren.

12 Vortrag und Präsentation
Wie Sie schwierige Situationen beherrschen

> Es ist ein Beweis der Bildung,
> die größten Dinge auf die einfachste Art zu sagen.
>
> Ralph Waldo Emerson

In diesem Kapitel erfahren Sie,

1 wie Sie Vorträge motivierend beginnen,
2 wie Sie die Aufmerksamkeit des Auditoriums erhalten,
3 wie Sie anhand von Stichwörtern frei sprechen,
4 wie Sie beim roten Faden bleiben,
5 wie Sie PowerPoint sinnvoll einsetzen,
4 wie Sie einen Stegreif-Vortrag halten.

Zu den unverzichtbaren und besonders chancenträchtigen Werkzeugen externer Kommunikation gehören Präsentationen. Die Anlässe sind dabei außerordentlich vielfältig. Firmen- und Kundenpräsentationen zählen genauso dazu wie Vorträge vor Aktionären und Journalisten oder im Rahmen von Fachtagungen, Events oder Messen.

Im grundlegenden Teil wurden bereits wichtige Voraussetzungen für einen publikumswirksamen Vortrag behandelt: die Wirkfaktoren der Persönlichkeit (Kapitel 1), sicheres und überzeugendes Auftreten (Kapitel 3) sowie Praxistipps für den Umgang mit Lampenfieber und Stress (Kapitel 4).

Die folgenden Ausführungen konzentrieren sich auf Aspekte, die beim Vortrag erfahrungsgemäß besondere Schwierigkeiten bereiten.

Präsentationen sind dadurch gekennzeichnet, dass ein Vortragender bestimmte Inhalte unter Einsatz unterstützender Medien einem Zuhörerkreis vermittelt. Dabei können Motivations-, Informations- oder Überzeugungsziele verfolgt werden. Die meisten Präsentationen sind mit Diskussionsphasen gekoppelt. Hier werden Fragen und Einwände beantwortet oder Lösungsvorschläge im Dialog mit den Zuhörern weiterentwickelt.

1 Der Einstieg: So finden Sie den passenden „Eisbrecher"

Wenn der Bielefelder Biokybernetiker Holk Cruse einen Vortrag über die Gangarten der Stabheuschrecke hält, lässt er ein Exemplar des Carausius morosus über den Folienprojektor laufen. Das Viech krabbelt umher, läuft aus dem Bild, will eingefangen werden, und währenddessen erklärt der Gelehrte die neuronale Verschaltung der Beine des eigensinnigen Wesens. Die Szene hat etwas Unangemessenes, das zum Lachen reizt.

Gero von Randow

Bedenken Sie, dass sich Ihre Zuhörer – auch wenn sie körperlich anwesend sind – gedanklich noch mit anderen Themen beschäftigen, zum Beispiel mit persönlichen Fragen, der stressigen Anreise oder anderen Punkten der Tagesordnung. Daher kommt es in der einleitenden Phase darauf an, beim Publikum Neugier zu wecken und Spannung zu erzeugen.

Entscheidend ist dabei, einen starken emotionalen Einstieg zu finden, bevor Sie zu den rationalen Elementen der Einleitung (Thema, Gliederung ...) kommen. Prüfen Sie mögliche Einstiegsszenarien daraufhin, ob Sie zum Umfeld und zu Ihrer Persönlichkeit passen. In den meisten Situationen liegen Sie richtig, wenn Sie sich von dem A-A-A-Prinzip (Mach' es „anders als andere"!) leiten lassen. Wie das konkret aussehen kann, zeigen exemplarisch die folgenden Eisbrecher. Weitere Anregungen finden Sie im Anhang (siehe Seite 204ff.).

- Bedeutung des Themas oder ein Nutzenversprechen

Ihr Publikum wird sich stets fragen: „Was habe ich davon, dass ich dem Redner zuhöre?" Sie wecken somit Aufmerksamkeit, wenn Sie zu Anfang ein paar Worte zur Wichtigkeit oder zum Nutzen des Vortragsthemas für die Zuhörer und für die Praxis sagen:
- „Auf der Cebit in Hannover war eine Tendenz nicht zu übersehen ..."
- „Das geplante Joint Venture in China bringt dem Unternehmen in doppelter Hinsicht besondere Chancen ..."

- Aktueller Einstieg

Hierbei starten Sie Ihren Vortrag mit einer aktuellen Informationen, die zum Thema Ihrer Rede passt:
- „Sie haben es gestern in den Tagesthemen gehört: Das Bundeskartellamt hat grünes Licht für die Fusion mit dem Unternehmen XY gegeben ..."
- „Ich komme gerade aus der Vorstandssitzung und kann Ihnen aus erster Hand sagen: Wir werden das Joint Venture in Russland realisieren ..."

- Situativer Einstieg

Sie knüpfen am aktuellen Umfeld an. Dies kann etwa eine Besonderheit des Tagungsortes oder der Bezug auf einen Vorredner sein. Bundespräsident Horst Köhler nutzte bei seinem Besuch des Freistaats Sachsen diese Variante als Grußwort:

– „Bei der Vorbereitung auf meinen Besuch heute habe ich gelernt: In Dresden gibt es seit kurzem auch eine Kinder-Universität. Eine der ersten Vorlesungen war dem Thema gewidmet: ‚Warum sind wir alle so schrecklich neugierig?' Ich kann Ihnen die Frage nicht beantworten, denn ich habe den Vortrag nicht gehört. Ich kann Ihnen aber sagen, warum ich so schrecklich neugierig auf Sachsen bin."

- Verblüffende Frage

„Können Sie sich eine Technologie vorstellen, mit der das gesamte Weltwissen auf der Fläche eines Fingernagels gespeichert werden kann? Es gibt sie. Speichern im Nano-Bereich lautet das faszinierende Thema …"

- Einstieg

Es fördert die menschliche Nähe zum Auditorium, wenn Sie ein paar persönliche Worte an den Anfang stellen. Beispiele:

– „Zu Anfang möchte ich Ihnen sagen, was mich persönlich an diesem Projekt so fasziniert hat …"
– „Vor drei Wochen hatte ich Gelegenheit, mit chinesischen Ingenieuren über die Erfahrungen mit dem Transrapid zu sprechen …"

- Witz oder Humor

Dies ist ein bewährtes rhetorisches Stilmittel, weil es sich gut eignet, das Eis zu brechen, eine lockere Atmosphäre zu schaffen und den eigenen Sympathiewert zu fördern. Zwei Beispiele des amerikanischen Ex-Präsidenten Ronald Reagan (1990) und eines des ehemaligen Bundespräsidenten Roman Herzog (1995) veranschaulichen dies:

Das Erfolgsrezept Reagans: Der Witz (Reagan 1990)

„Meine Jahre im Showgeschäft und die Erfahrung mit Tausenden von Reden im Verlauf der Jahre haben mich einiges über Timing und Modulation gelehrt und auch darüber, wie man eine Zuhörerschaft ‚in den Bann zieht'. Hier ist mein Rezept: Für gewöhnlich beginne ich mit einem Witz oder einer Story, um die Aufmerksamkeit der Zuhörer zu fesseln, dann erzähle ich ihnen, was ich ihnen sagen werde, sage es ihnen, und dann sage ich ihnen, was ich ihnen gerade gesagt habe."

„Ich war immer der Ansicht, dass Humor ein sehr gutes Mittel ist, um die Aufmerksamkeit von Menschen zu erregen, und habe jahrelang im Kopf Zitate und Witze gesammelt, um sie in meine Reden einzuflechten. Manche dieser Scherze habe ich so häufig erzählt, dass sie längst begraben werden müssten – wie die Geschichte von den Christen, die im Kolosseum vor einer sensationslüsternen Zuschauermenge den Löwen vorgeworfen werden sollten. Als die hungrigen Löwen auf die Christen zukamen, trat einer von ihnen vor, sprach mit den Löwen, und die Raubtiere wurden sanft wie die Lämmer. Sie legten sich auf den Boden und ließen die Christen ungeschoren. Die Menge war außer sich, tobte und schrie, und manche riefen, man hätte sie übers Ohr gehauen. Da ließ der römische Imperator den Mann zu sich holen, der mit den Löwen gesprochen hatte, und fragte: ‚Was hast du zu ihnen gesagt, dass sie sich so verhalten?' Der Christ erwiderte: ‚Ich habe ihnen gesagt, dass nach dem Essen Reden gehalten werden.'"

Auch Roman Herzog verbindet Humor mit Selbstironie (1995 in Rostock):

„Ich kann Ihnen versprechen, ich werde eine kurze Rede halten. Aber leider kann ich keine präzisen Angaben machen. Ich hatte extra bei der Generalprobe ein Tonbandgerät mitlaufen lassen. Dann habe ich mich mit einer Stoppuhr hingesetzt, doch unglücklicherweise bin ich eingeschlafen."

Praxistipp
Wenn Sie vor Entscheidungsgremien präsentieren, sollte man einen sachbezogenen Einstieg wählen. Sie können dabei unmittelbar ins Thema einsteigen, eine These formulieren oder etwas zur Bedeutung des Themas für die Zukunft sagen. Anders ist die Erwartungshaltung bei Fachtagungen, Kongressen, Roadshows oder Vertriebstagungen, wo Sachinformation und Unterhaltung gefragt sind (Infotainment). Professionelle Redner kennen ihre Effekte, um ein Auditorium zu fesseln.

2 Die Zuhörer fesseln: Wie Sie die Aufmerksamkeit des Auditoriums erhalten

Wenn Sie zu Anfang die Neugier Ihrer Zuhörer geweckt haben, geht es im weiteren Verlauf Ihres Vortrags darum, diese Aufmerksamkeit auf einem hohen Niveau zu halten und Langeweile entgegenzuwirken. Dies ist eine notwendige Voraussetzung, um Ihrem Publikum die wesentlichen Inhalte einprägsam vermitteln zu können.

Ursachen sinkender Aufmerksamkeit

Ergebnisse der Kommunikationsforschung (siehe zum Beispiel Kroeber-Riel 1993) bestätigen unsere Alltagserfahrung, dass die Aufmerksamkeit vor allem dann sinkt, wenn die dargebotenen Reize die Zuhörer zu wenig aktivieren und wenn sich aufgrund der Vortragsweise negative Gefühle einstellen. Es sind vor allem folgende Fehlerquellen, die für „Abbruchgedanken" und eine sinkende Aufmerksamkeitskurve verantwortlich sind.

Was Langeweile im Publikum verursacht

- Mangelnde emotionale Ansprache
- Unklarer Nutzen der Inhalte
- Unverständliche Ausführungen
- Abstrakte Sprache
- Langweiliger, monotoner Vortragsstil
- Unleserliche und überladene Charts
- Zu hohe Anzahl von Grafiken

Weil niemand genau sagen kann, wie die präsentierten Inhalte schließlich beim Publikum ankommen, ist es von großer Bedeutung, in jeder Phase Ihrer Präsentation darauf zu achten, wie es um die Aufmerksamkeit bei den Zuhörern bestellt ist. Informationen hierüber erhalten Sie durch deren sprachlichen und nicht sprachlichen Rückmeldungen (siehe Kapitel 3). Je früher Sie mangelnde Aufmerksamkeit wahrnehmen, desto eher können Sie mit der einen oder anderen Technik gegensteuern.

Acht Regeln, um Ihre Zuhörer zu fesseln

1. Sprechen Sie das Publikum emotional an
2. Stellen Sie den Nutzen für die Zuhörer dar
3. Fördern Sie Kopfkino durch eine anschauliche Sprache
4. Wechseln Sie Ihren Standort und die verwendeten Medien
5. Ändern Sie Ihren Sprechrhythmus
6. Verwenden Sie hirngerechte Charts
7. Beteiligen Sie Ihre Zuhörer
8. Nutzen Sie ergänzende Stimulanzien

Bei den folgenden Empfehlungen geht es darum, durch überraschende und intensive Stimulanzien sowie durch emotionale und bedürfnisorientierte

Reize die Zuhörer zu aktivieren und deren Aufmerksamkeit auf die Kernbotschaft zu lenken.

Praxistipp
Sie können Langeweile bei Präsentationen dadurch vermeiden, dass Sie alle zwei bis drei Minuten (Faustregel) auf einen besonderen Reiz setzen, beispielsweise durch einen „Attention Spot", rhetorische Mittel, Anekdoten oder etwa durch Nutzenargumentation und auflockernde Elemente.

Emotionale Ansprache

Langweilige Präsentationen haben häufig damit zu tun, dass der Vortragende vorrangig rational Inhalte in den Mittelpunkt stellt und diese unterkühlt darbietet. Emotionale Botschaften hingegen bieten die Chance, die Ausführungen interessanter zu machen und die Nähe zum Publikum zu fördern. Je nach Situation können Sie zum Beispiel
- über eigene Emotionen sprechen (Ich-Botschaften senden): „Wir können stolz sein auf das Erreichte ..."; „Meine Leidenschaft ist es, gute Autos zu bauen"; „Die Arbeit an diesem Projekt hat viel Freude bereitet ..."; „Ich habe den Eindruck, dass wir hier eine exzellente Lösung gefunden haben ..."
- die Ängste und Bedenken bei den Zuhörern/in der Öffentlichkeit ansprechen.
- offen sagen, dass Sie die Unterstützung bestimmter Gruppen oder Personen brauchen, weil Sie allein die Krise nicht bewältigen.
- Schwierigkeiten und Lösungsansätze ansprechen und ehrlich den Stand der Dinge aufzeigen: „Wir haben mit den folgenden Schwierigkeiten zu kämpfen. Dagegen haben wir XY unternommen. Es bleibt aber noch viel zu tun. Die Chancen stehen gut, wenn wir Rückendeckung seitens der Politik bekommen."
- Ihre persönlichen Erfahrungen einbringen.
- Geschichten erzählen, die abstrakte Ideen veranschaulichen (story telling).
- persönliche Überzeugungen und Versprechen bringen.
- mit eigenen Ängsten und Hoffnungen argumentieren.
- Ihre Begeisterung ausdrücken.

Nutzen für die Zuhörer darstellen

Die Zuhörer schenken Ihnen bei jedem Vortrag ein kostbares Gut: ihre Zeit. Deshalb werden sie Ihre Ausführungen dann aufmerksam und wohl-

wollend begleiten, wenn ein Nutzen für sie selbst, für ihr Team oder ihr Unternehmen erkennbar ist. Verweilen Sie deshalb nicht nur bei der Beschreibung bestimmter Merkmale Ihres Angebots (Vorschlag, Strategie, Produkt ...), sondern zeigen Sie vor allem, welcher Nutzen damit verbunden ist, um zum Beispiel
- Zukunftsanforderungen besser zu bewältigen,
- die Wettbewerbsposition zu verbessern,
- aktuelle Schwierigkeiten in der Produktion zu überwinden,
- neue Marktfelder zu erschließen,
- wirtschaftliche Vorteile zu haben.

Weil Nutzengesichtspunkte die Aufmerksamkeit fördern, ist es psychologisch günstig, relevante Produktinformationen in dem Dreischritt: Nutzen – Details – Nutzen darzustellen:
Schritt 1: Sie weisen in der Einleitung auf die Bedeutung und den Nutzen des Neuen hin und erzeugen dadurch Aufmerksamkeit.
Schritt 2: Dann stellen Sie die notwendigen Details Ihres Produkts oder Konzepts in verständlicher Weise dar.
Schritt 3: Daran anknüpfend entwickeln Sie den Praxisnutzen und verankern diesen durch eindrucksvolle Bilder und Referenzbeispiele. Achten Sie hierbei darauf, dass Sie ausgehend von den konkreten Wünschen, Schwierigkeiten und Erwartungen der Zuhörer den Nutzen Ihres Lösungsvorschlags aufzeigen.

Fördern Sie „Kopfkino" durch anschauliche Sprache

Unternehmensbezogene Themen werden in der Regel in einer recht abstrakten Sprache präsentiert. Wenn eine Zukunftsstrategie dargestellt wird, sind Begriffe wie Qualitätsoffensive, Diversifikation, Portfolioanalyse, Emissionsreduzierung oder Kundenorientierung nicht weit. Das wahrnehmungspsychologische Problem liegt darin, dass diese Ausdrücke wegen ihres hohen Abstraktionsgrades nicht geeignet sind, die Vorstellungskraft der Zuhörer zu aktivieren. Je länger die Ausführungen in einer abstrakten Fachsprache, umso größer ist die Gefahr, dass die Aufmerksamkeit beim (nicht fachkundigen) Publikum sinkt. Nutzen Sie daher alle Möglichkeiten, Kopfkino beim Zuhörer zu erzeugen, indem Sie
- bei der Vorstellung Ihrer Gliederung abstrakt-strategische Themen wie etwa „Reduzierung der Kohlendioxid-Emissionen" dadurch greifbar machen, dass Sie erläuternd anfügen: „... dargestellt am Beispiel der PKW-Flotte des Automobilherstellers XY ..."

- anschauliche Beispiele zur Illustration abstrakter Begriffe bringen. Beispiel: „Anhand von zwei Beispielen erläutere ich Ihnen, was wir unter Serviceoffensive verstehen …"
- Ihre Aussagen so formulieren und begründen, dass sich das Publikum in seiner eigenen Erlebnis- und Erfahrungswelt angesprochen fühlt.
- Anekdoten, Geschichten und Erlebnisse kurz und prägnant in Ihren Vortrag einbeziehen.
- Ihre Kernbotschaften durch „hirngerechte" Schaubilder, Fotos oder virtuelle Darstellungen visualisieren (nur die Kernbotschaften!).

Eine weitere Möglichkeit besteht darin, Analogien zu anderen Lebensbereichen herzustellen und dadurch die Vorstellungskraft der Zuhörer anzusprechen.

Der Grundgedanke der Analogiebildung besteht darin, dass Sie einen fachlichen Inhalt erklären, indem Sie Vergleiche aus anderen Lebensbereichen (Analogiefeldern) heranziehen. Analogien sind häufig ein geeignetes Mittel, um vertraute Bilder beim Zuhörer zu aktivieren und dadurch die Argumentation interessanter zu machen. Abbildung 16 zeigt sechs wichtige Analogiefelder (vgl. Flume 2003).

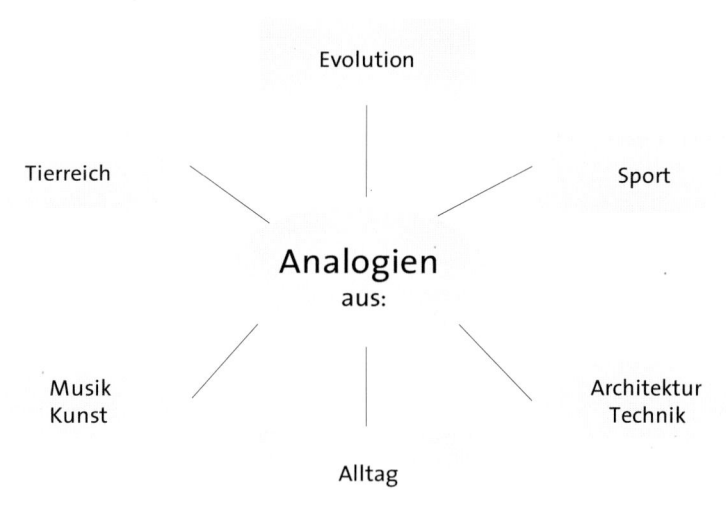

Abbildung 16: Mögliche Analogiefelder

- Natur und Evolution
Eine unerschöpfliche Quelle für Analogien, die Sie als Präsentator nutzen können: Beispielsweise Wachstum und Untergang (Lebenszyklen), Evolution, Lernprozesse aus der Natur, Entstehung und Ausbreitung von Seuchen. Anregungen finden sich zudem in der Bionik, die die „Arbeitsweise" und „Problemlösungsfähigkeit" der Natur für Wirtschaft und Technik nutzbar macht.

- Sport
Olympische Spiele veranschaulichen genauso wie der Breitensport die vielfältigen Möglichkeiten, auch hier Analogien für Ihre Themen zu finden. Denken Sie an Teamgeist, Sieg- und Niederlage, Fairness bis hin zu Heldengeschichten und Erfolgsstories (Michael Schumacher und Ferrari).

- Alltagserfahrung
Hierbei illustrieren Sie die Inhalte Ihrer Präsentation durch Beispiele, Entwicklungen und Situationen, die die Zuhörer aus ihrer Lebenserfahrung mitbringen. So kann man anhand des Handys immer kürzere Produktlebenszyklen sowie nachhaltige Verhaltensveränderungen in allen Altersklassen veranschaulichen. Ein zweites Beispiel wäre das Thema „Mülltrennung", mit dem jeder im Alltag zu tun hat und das eindrucksvoll zeigt, wie rasant sich das ökologische Bewusstsein verändert hat.

Weitere Analogiefelder sind zum Beispiel:
- Tierreich (Merkmale wie „Territorialverhalten", „Selektion", „Dominanzverhalten" oder „Lernfähigkeit" können für die eigene Argumentation genutzt werden. Durch „personifizierte" Tiere als Sympathieträger können Sie die Emotionen des Publikums ansprechen.)
- Technik/Architektur (Beispiele für Analogien: Präzise wie ein Uhrwerk, Absturz der Concorde als Beispiel für Mängel im Qualitätsmanagement, Brücken als Verbindung zwischen Kontinenten und Menschen)
- Musik (Anhand eines Orchester lässt sich zum Beispiel illustrieren, dass ein Projekt mehr ist als die Summe der Teile.)

Standort- und Medienwechsel

Während einer Präsentation haben Sie vielfach die Möglichkeit, gezielt den Standort zu wechseln (gelenkter Standortwechsel) und dabei hin und wieder die zentrale Position auf der Bühne einzunehmen. Bedenken Sie, dass alles, was im Zentrum einer Bühne geschieht, die Wertigkeit erhöht. Sie unterstreichen Ihre Sicherheit und Souveränität, wenn Sie zentral stehen

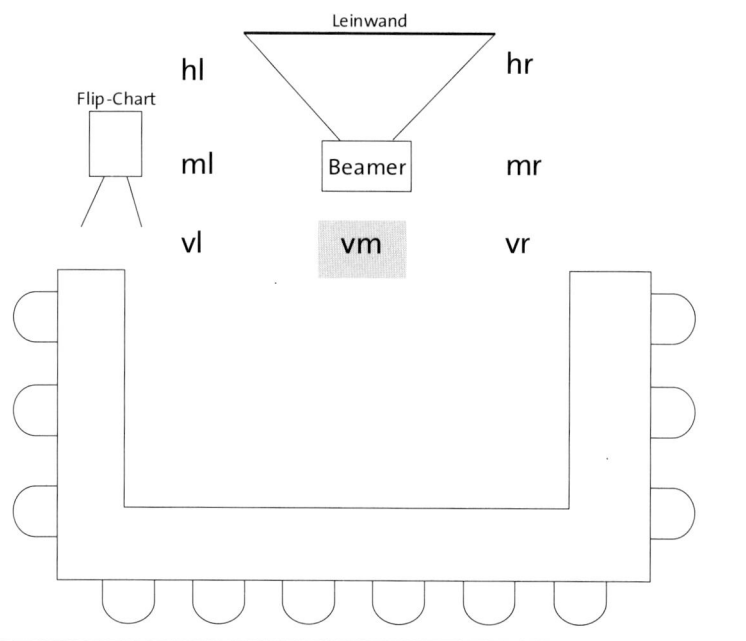

Abbildung 17: Aktionsraum beim Präsentieren

und nicht an der Peripherie. Wer ohne konkreten Grund am Rand steht, vermittelt „unterschwellig" den Eindruck, den Auftritt rasch hinter sich bringen zu wollen. Abbildung 17 zeigt, wie Sie sich bei Präsentationen den Raum vor dem Publikum (Aktionsraum) gedanklich einteilen können, um gezielt den Standort zu wechseln.

Teilen Sie Ihren Aktionsraum beim Präsentieren in neun Quadrate ein: vor der Leinwand hinten links (hl), hinten Mitte (hm), hinten rechts (hr), auf Höhe des Projektors Mitte links (ml), Mittelpunkt (dort steht in der Regel der Projektor), Mitte rechts (mr), vorne links (vl), vorne Mitte (vm) und vorne rechts (vr). Es kommt Ihrer Überzeugungswirkung zugute, wenn Sie vorn im grauen Feld stehen und von dort aus sprechen. Damit die Zuhörer freie Sicht auf die Leinwand haben, werden Sie bei einem Einsatz von Overheadprojektor oder Beamer natürlich zur Seite treten. Versuchen Sie, während der Präsentation gezielt den Standort zu wechseln und hin und wieder zur zentralen Position zurückzukommen. Dies kann aus didaktischen oder dramaturgischen Gründen sinnvoll sein.

Beispiele:
- Sie sprechen die Begrüßung und Einleitung frei stehend und treten dann erst zur Seite, um den Zuhörern die PowerPoint-Charts zu zeigen.
- Sie unterbrechen eine laufende Computerpräsentation (schwarze Leerfolie einblenden), um persönliche Erfahrungen oder eine Anekdote zu referieren. Hierzu wählen Sie die zentrale Position (vm).
- Sie unterbrechen eine laufende Computerpräsentation und gehen ans Flipchart (ml), um dort bestimmte Details „live" und schrittweise zu entwickeln oder um eine besonders wichtige Information zu notieren. Der doppelte Vorteil dieses Medienwechsels: Sie bauen durch den Standortwechsel Spannung auf. Gleichzeitig haften dadurch die Inhalte, die Sie auf das Flipchart schreiben, besser im Langzeitgedächtnis der Zuhörer, als es fertige Farbfolien können.
- Ein gelenkter Standortwechsel ist zudem ratsam, wenn während der Präsentation Beiträge oder Fragen aus dem Auditorium kommen. Hier wirkt es wertschätzend, wenn Sie sich dem betreffenden Teilnehmer ein wenig nähern und erst dann auf den Beitrag eingehen.

Wenn Sie in der beschriebenen Weise verfahren und den gelenkten Standortwechsel nutzen, werden Sie als selbstsicherer wahrgenommen, als wenn Sie während der gesamten Präsentation an einem Fleck angewurzelt stehen. Verknüpfen Sie ruhige, statische Phasen mit dynamischen Passagen. Dies gilt sowohl für die Bewegungen im Raum als auch für den Einsatz von Gestik und Sprechtechnik.

Rhythmuswechsel gegen Langeweile

Verändern Sie den Rhythmus beim Vortrag (siehe im Einzelnen Kapitel 3): Sprechen Sie wichtige, schwierige und neue Inhalte langsamer und heben Sie Kernaussagen rhetorisch hervor: „Dieser Punkt ist besonders wichtig …"; „Von entscheidender Bedeutung ist …"

Falls Sie motivieren und mitreißen wollen, steigern Sie das Tempo: Sie sprechen dann schneller und lauter, bringen mehr Gestik und mimischen Ausdruck. Falls Sie mit PowerPoint-Charts Ihren Vortrag unterstützen, können Sie in beschleunigten Sequenzen zusätzlich die Bildfolge beschleunigen. Achten Sie dabei darauf, dass die dargestellten PowerPoint-Charts einfach und plakativ gehalten sind und ohne Schwierigkeit aufgenommen werden können. Schüsselwörter verknüpft mit geeigneten Fotos sind hier geeigneter als komplizierte Ablaufschemata oder detaillierte Tabellen.

„Hirngerechte" Charts stimulieren die Aufmerksamkeit

Wenn Ihre Schaubilder überladen sind und die dargebotene Menge an Charts die Aufnahmefähigkeit der Zuhörer überfordert, schaltet das Publikum ab. Achten Sie bei der Vorbereitung Ihrer PowerPoint-Charts darauf, dass diese aus Zuhörersicht Nutzen bringen und ansprechend gestaltet sind.

Unverzichtbare Kriterien für gute Charts

Wie auch immer Ihre Strategie aussieht, bedenken Sie mindestens die folgenden Punkte (siehe im Detail Thiele 2002 oder Reinke 1999).

Allgemeinen Gestaltungskriterien

- Eine Kernaussage pro Chart
- Aussagefähige Überschrift als „action title"
- Maximal sieben Zeilen pro Textchart
- Schlüsselwörter statt Sätze
- Kernbotschaft in der Mitte
- 30 Prozent der Folie freilassen
- Lesbarkeit für alle Zuhörer sichern
- Seriöser Farbeinsatz/Kontraste maximieren

Bei der Anfertigung von Schaubildern können Sie sich von diesem Grundsatz leiten lassen: So einfach wie möglich, so wenig wie möglich, so lesbar und so übersichtlich wie möglich!

Begrenzen Sie die Anzahl der Bildschirmseiten

Weil man auf Knopfdruck – also mit wenig Energieaufwand – Charts ein- und ausblenden kann, verführen Computerpräsentationen dazu, die Zuhörer zu überfordern. Sie müssen eine Chance haben, die präsentierten Folieninhalte aufzunehmen und zu verarbeiten. Zu viele Folien bringen die Gefahr mit sich, dass die Zuhörer abschalten. Begrenzen Sie daher die Menge der Folien. Weniger ist im Zweifel mehr! Faustregel: Etwa 90 Sekunden für ein Chart mit mittlerer Informationsdichte. Den Zeitbedarf für einzelne Charts und die Präsentation insgesamt können Sie zuverlässig einschätzen, wenn Sie vorab Ihre Bildschirmpräsentation eins zu eins simulieren und dabei die Zeit kontrollieren.

Zuhörer beteiligen

Mit Hilfe dialogischer Techniken können Sie Ihr Auditorium aktiv beteiligen und in den Informations- und Überzeugungsprozess einbeziehen. Der Dialog ist das wirkungsvollste Mittel, um die Aufmerksamkeit zu stimulieren und die Zuhörer aus ihrer passiven Rolle zu befreien. Fragerunden sowie Phasen der Diskussion und des Gedankenaustauschs motivieren, weil der Zuhörer sein Vorwissen, seine Vorerfahrung und seine Sicht der Dinge einbringen kann. <u>Nutzen Sie hierbei offene Fragen (= W-Fragen), um ein Gespräch in Gang zu bringen.</u> Beispiele: „Welche Anforderungen haben Sie an eine Problemlösung?"; „Was verstehen Sie unter …?"; „Welche Erfahrungen haben Sie gemacht mit …?"; „Welche Erwartungen haben Sie …?"; „Wie schätzen Sie diesen Lösungsweg ein …?"

Wenn diese Variante vom Szenario her (etwa beim Sprechen vor einer Großgruppe) nicht möglich ist, können Sie rhetorische Fragen stellen oder die Zuhörer durch aufwertende Redewendungen mit einbeziehen. Beispiel: „Wie Sie als Marketing-Fachleute wissen …"; „Dieses Konzept bietet gerade für die Kriterien ‚Return on Investment' und ‚Wirtschaftlichkeit' (Schlüsselwörter, die an die Aktionäre adressiert sind) besondere Chancen …"

Ergänzende Stimulanzien

In vielen Präsentationen können Sie motivierende Zutaten wie Witz und Humor einsetzen, um Gefühle anzusprechen. Dies schafft Sympathie und Abwechslung und aktiviert so die Aufmerksamkeit. Achten Sie jedoch darauf, dass Stimulanzien zu den Erwartungen Ihrer Zielgruppe passen, Ihre Kernbotschaft nicht übertönen und mit Augenmaß eingesetzt werden.

Praxistipp
Sammeln Sie motivierende Zutaten für Ihre Präsentationen in einem Handarchiv. Dies hilft Ihnen bei der Vorbereitung, um kopflastige Themen aufzulockern und psychologische Ventile zu schaffen. Sie können die Stimulanzien zum Beispiel gliedern nach den Kategorien: Sinnsprüche und Zitate, Cartoons und Karikaturen, Stories, Fabeln und Anekdoten, digitale Fotos, Videoclips und Animationen.

3 Der freie Vortrag: Ein Stichwortkonzept gibt Sicherheit

Ein ausformuliertes Manuskript verführt dazu, den Text ohne innere Beteiligung, ohne Modulation und Pausen abzulesen. Wenn dann noch der Blick auf Papier oder Leinwand fixiert ist, sind Desinteresse und Langeweile beim Zuhörer programmiert.

Deshalb lautet der erste Tipp: Sprechen Sie anhand von Stichwörtern. Sie erhöhen Ihre Glaubwürdigkeit, wenn Sie frei sprechen. Ihr Zuhörer muss den Eindruck gewinnen, dass Sie während des Sprechens Ihre Gedanken entwickeln. „Ganz frei" zu reden ist jedoch risikoreich. Die Gefahr von Versprechern oder längeren Verlegenheitspausen nimmt zu; wesentliche Inhalte werden zudem leichter vergessen. Außerdem steigt das Stress-Niveau, wenn man ohne ein schriftliches Skript vor das Auditorium tritt.

Ich empfehle Ihnen, die Vorteile des freien Sprechens nach Stichwörtern zu nutzen:
- Sie haben dann die Anhaltspunkte für das Sprechen (Sprechdenken) vor Augen.
- Sie fühlen sich in der Regel sicherer und wirken souveräner und glaubwürdiger.
- Zusätzliche Bemerkungen lassen sich leicht einfügen, wie auch Kürzungen problemlos möglich sind.
- Verlegenheitspausen, Stockungen und Füllaute lassen sich eher vermeiden.

Merkpunkte für die Gestaltung des Stichwortkonzepts

- Karteikarten oder Zettel in DIN A5- oder DIN A6-Format
- Karten einseitig beschriften: nur Stichwörter, nie ganze Sätze
- Karten nummerieren
- Nehmen Sie Verben in das Konzept auf, damit Sie wissen, wie Sie die Sätze abschließen
- Strategische Kernaussagen, Zitate oder juristische Wortlaute ausformulieren
- Heben Sie Ihre Kernbotschaften hervor
- Nehmen Sie individuelle rhetorische Hinweise auf: Langsam sprechen, Pausen usw.
- Faustregel: Ein Kärtchen für zwei Minuten
- Lesbarkeit sichern durch große Buchstaben (Schrift 14 Punkt)

Falls es Ihnen zu risikoreich ist, ausschließlich anhand von Stichwörtern zu sprechen, bietet sich eine Variante an, wie sie in Abbildung 18 dargestellt ist: Teilen Sie Ihr Stichwortkonzept in zwei Teile. Nutzen Sie die zwei Drittel auf der linken Seite, um den Fließtext gut lesbar aufzuschreiben. Auf der rechten Seite notieren Sie lediglich prägnante Schlüsselwörter sowie bei Bedarf Hinweise auf Ihre Charts. Beim Vortrag orientieren Sie sich an den Stichworten. Falls Ihnen bestimmte Formulierungen nicht einfallen, können Sie mit einem Blick zum vollen Wortlaut wechseln.

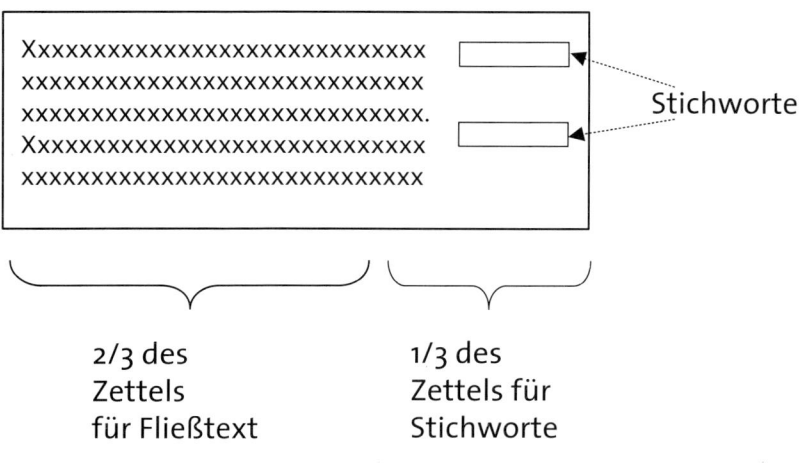

Abbildung 18: Stichwortkonzept mit Fließtext

4 Die Strukturierung: Der rote Faden muss erkennbar sein

Konsequente Zuhörerorientierung sollte den gesamten Präsentationsprozess begleiten. Schlechte Präsentationen sind häufig darauf zurückzuführen, dass man ohne Zuhörer- und Situationsanalyse mit der Erarbeitung oder Zusammenstellung der Bildschirmdarstellung beginnt. Bei der Vorbereitung der Präsentation hat es sich bewährt, mit der Strukturierung des Hauptteils zu beginnen. Schließlich stellt er das Kernstück jeder Präsentation dar. Dann geht es darum, den Schlussteil zu gestalten und hier die Kernbotschaften noch einmal zusammenzufassen. Im dritten Arbeitsschritt überlegen Sie sich dann einen motivierenden „Eisbrecher" als Einstieg.

Die Einleitung

Der einleitende Teil ist darauf gerichtet, Aufmerksamkeit zu wecken, einen guten Kontakt zu den Zuhörern herzustellen, in das Thema einzuführen und klare Orientierungen zum Ablauf der Veranstaltung zu geben. Vermeiden Sie es, zu Anfang bereits Kerninformationen zu vermitteln. Zur Einleitung gehören folgende Elemente.

Merkpunkte für die Einleitung

- Zuhörer begrüßen
- Sich vorstellen (falls notwendig)
- Zündender Einstieg („attention spot")
- Thema und Ziel der Präsentation nennen
- Informationen zum Ablauf der Präsentation geben (Gliederung, Ablauf, Dauer …)

Der Hauptteil

Ein wichtiges Qualitätskriterium für Präsentationen ist eine klare und nachvollziehbare Gliederung der Inhalte, die es dem Zuhörer ermöglicht, die präsentierten Inhalte leicht aufzunehmen und zu verstehen. Er muss den „roten Faden" erkennen können. Achten Sie daher bei der Erarbeitung Ihres Präsentationskonzepts darauf, dass

- die einzelnen Abschnitte logisch gegliedert sind,
- die Gliederung verständlich und zielwirksam ist,
- die Kernbotschaft erkennbar ist,
- die Anzahl der Gliederungspunkte übersichtlich bleibt (Faustregel: drei, maximal fünf deutlich unterscheidbare Unterpunkte).

Allgemeingültige Empfehlungen für den Aufbau des Hauptteils* existieren nicht. Dafür sind die Themen, Zielsetzungen und Situationen zu unterschiedlich. Die folgende Problemlösungsformel lässt sich – leicht modifiziert – als Strukturplan bei vielen Präsentationsanlässen verwenden. Im Anhang finden Sie Strukturpläne, die sich je nach Szenario und Zielsetzung zur Strukturierung des Hauptteils eignen (siehe Seite 184ff.).

Die Problemlösungsformel

- Situation und Problem analysieren
- Negative Konsequenzen aufzeigen (bei „Untätigkeit")
- Ziel definieren (Worauf kommt es an …?)
- Lösungsvorschlag
- Operative Schritte

Der Schlussteil

Es empfiehlt sich, die Kernbotschaft in Form eines griffigen, einprägsamen Fazits zusammenzufassen. Dies kann zum Beispiel ein Textchart sein, auf dem Sie die wesentlichen Produktmerkmale und Nutzenargumente zusammenfassen. Es gibt weitere dramaturgische Möglichkeiten zur Aufwertung des Schlussteils Ihrer Präsentation. Sie können einen Spannungsbogen aufbauen, indem Sie

- den Einstiegsgedanken wieder aufgreifen,
- mit einem Zitat schließen, das als Gegenstück zu einem Zitat in der Einleitung gedacht ist,
- eine Karikatur zeigen, die als Gegenstück zu einer Karikatur in der Einleitung fungiert, oder
- die provozierende Einstiegsfrage beantworten.

Merkpunkte für den Schlussteil

- Knappe Zusammenfassung der Kernaussagen
- Ein Appell oder Ausblick
- Überleitung in die Diskussion

5   Die Visualisierung: PowerPoint „hirngerecht" einsetzen

Die faszinierenden Möglichkeiten von Multimedia verführen oft dazu, den Computer unüberlegt einzusetzen. Negative Konsequenzen sind häufig die Folge: Der Vortragende wird durch zu viel Technik in den Hintergrund gedrängt und die Zuhörer bleiben passiv. Der Frontalvortrag erschwert es, eine persönliche Beziehung zum Kunden aufzubauen. Nachteilig wirken darüber hinaus: zu lange und gleichförmige PC-Präsentationen, übertriebene Animationen und Effekthascherei, elektronische „Folienschlachten",

PowerPoint-„Einheitsbrei" sowie persönliche Unsicherheiten beim Einsatz neuer Medien.

Was Sie neben den bereits behandelten Tipps bedenken sollten:

- Die eigentliche Botschaft Ihrer Präsentation darf nicht durch zu viele Effekte und Farben übertönt werden. Lenken Sie durch eine wohl dosierte Animation die Aufmerksamkeit Ihres Auditoriums auf das Wesentliche. Ihre Zuhörer honorieren es, wenn Sie nicht jede Zeile bei Textcharts animieren.
- Beachten Sie konsequent die auf Seite 158 erwähnten Tipps für die Gestaltung „hirngerechter" Charts. Jedes Schaubild muss aus der Sicht des Publikums einen Mehrwert schaffen. Falls dieser Nutzen nicht erkennbar ist, lassen Sie das Chart weg.
- Der Siegeszug von PowerPoint rund um den Globus bringt die Gefahr einheitlicher Visualisierung mit sich. Wer nicht aufpasst, hat trotz unterschiedlicher Inhalte formal ähnliche Präsentationen aufgrund identischer Layout-Vorschläge, Schrifttypen, voreingestellter Hintergründe, vorstrukturierter Schaubilder und Animationseffekte sowie Clip-Arts. Nutzen Sie diese Angebote mit Augenmaß und machen Sie Ihren Präsentationsstil zu Ihrem Alleinstellungsmerkmal.
- Wodurch Sie sich von anderen abheben können: Vermeiden Sie eine Reihung gleichförmiger Folien. Kombinieren Sie Textcharts mit Fotos oder ersetzen Sie Textcharts durch Strukturbilder. Formulieren Sie die Überschriften durchgängig als „action title", der die Kernbotschaft der Folie auf den Punkt bringt. Nutzen Sie individuelle, kurze Videoeinschübe und virtuelle Darstellungen, um Referenzprojekte oder Kernkompetenzen zu veranschaulichen. Üben Sie Zurückhaltung beim Einsatz von Power-Point-Clip-Arts, weil sie jeder kennt. Suchen Sie im Internet nach Alternativen, lassen Sie sich Cartoons oder Karikaturen zu Ihren Themen „maßschneidern." Bauen Sie komplexe Bilder durch Animation Schritt für Schritt auf und sichern Sie dadurch Aha-Erlebnisse beim Zuhörer.
- Nutzen Sie die oben erwähnten Aktivierungstechniken, um ermüdende Bildschirmpräsentationen zu vermeiden. Setzen Sie auf Dramaturgie, Medienwechsel und rhetorische Wirkmittel. Eine schnurlose Fernbedienung hilft Ihnen, den Standort zu wechseln und die Nähe zum Publikum zu suchen. Dadurch fällt es leichter, Fragen zu stellen, eine Geschichte zu erzählen oder in einen Erfahrungsaustausch zu gehen.
- Inszenieren Sie Ihre Folien. Gewöhnen Sie sich daran, Computercharts (wie auch Overheadfolien und Dias) zuhörergerecht anzukündigen, kurz wirken zu lassen und erst dann zu erklären.

Das Vorgehen im Einzelnen

1. Bild ankündigen: „Zur Verdeutlichung ...hier ein Diagramm ..." Erst danach:
2. Bild einblenden – kleine Pause, damit die Zuhörer sich orientieren können
3. Folie erklären – bei Bedarf Zeigehilfe einsetzen
4. Reaktion der Zuhörer beachten und ggf. Fragen zulassen
5. Bild ausblenden

6 Der Stegreif-Vortrag – So ziehen Sie sich gekonnt aus der Affäre

Ad-hoc-Beiträge gehören auch in der externen Kommunikation zu den schwierigsten Situationen: Sie werden kurzfristig aufgefordert, einige Worte aus dem Stegreif zu sagen. Dies kann je nach Szenario
1. ein Wortbeitrag im Rahmen einer Diskussionsrunde oder
2. ein Kurzvortrag sein.

Im Grunde sollten Sie in jeder externen Situation in der Lage sein, Ziele und Strategie Ihres Verantwortungsbereiches sowie Unternehmenspolitik anschaulich und überzeugend zu erklären. Und zwar nicht nur die ökonomischen Aspekte, sondern auch die technischen, menschlichen, organisatorischen und umfeldbezogenen. Hierbei helfen Ihnen die an anderer Stelle beschrieben „Wissensmodule" (siehe Seite 101), die präventiv vorzubereiten und regelmäßig zu aktualisieren sind.

Auf der Grundlage dieser Wissensmodule besteht bei Stegreif-Argumentationen und -vorträgen die Kunst darin, diejenigen Inhalte zu strukturieren, die man sich bereits vorher zurechtgelegt hat.

Folgend finden Sie Anregungen für beide Situationen.

Aus dem Stegreif argumentieren

Antworten Sie nicht zu schnell, wenn Sie mit einer plötzlichen Frage konfrontiert sind. Sie gewinnen Zeit, wenn Sie zum Beispiel
- eine allgemeine Vorbemerkung machen: „Zunächst ein grundsätzlicher Hinweis zum Umweltschutz in unserem Unternehmen ..."

- auf die verschiedenen Aspekte des Thema hinweisen: „Das ist ein vielschichtiges Thema, bei dem wirtschaftliche, technische und gleichzeitig ökologische Aspekte zu bedenken sind ..."
- die Frage in eigenen Worten zusammenfassen: „Sie weisen in Ihrer Frage zu Recht darauf hin, dass sich die Investition langfristig rechnen muss ..."
- die Frage in einen größeren Zusammenhang stellen: „Ihre Frage kann nur im Kontext der gesamten Kundenbindungsstrategie beantwortet werden ..."
- Fünfsatztechnik oder andere Strukturierungshilfen (siehe Seite 184ff.) nutzen.

Schließlich können Sie diplomatisch die sofortige Beantwortung einer sehr speziellen Frage verneinen und eine spätere Antwort anbieten: „Herr Dr. Müller, zum Stand der Technik in diesem speziellen Punkt möchte ich Ihnen keine gewagte Antwort geben. Die Abteilung XY kann hier weiterhelfen. Ich kann Ihnen die Information gern bis morgen bereitstellen."

Aus dem Stegreif vortragen

In aller Regel erhöht sich das Stress-Niveau, wenn Sie ad hoc vor ein Auditorium treten und einen kurzen Vortrag halten müssen. Sie können beispielsweise aufgefordert werden, die Neustrukturierung Ihres Unternehmensbereichs kurz vorzustellen, ein paar Worte zum aktuellen Stand eines Projekts zu sagen, die Erkenntnisse Ihrer Chinareise zusammenzufassen oder einen Drei-Minuten-Vortrag im Rahmen eines Events oder einer Ausstellung zu halten.

Die folgende 4-Schritt-Stegreif-Technik* (vgl. Redenberater 2004) kann Ihnen helfen, Ihre Gedanken zu ordnen und einen ansprechenden Vortrag zu halten. Sie besteht aus den Schritten: 1. Hauptpunkt, 2. Stützen, 3. Einstieg und 4. Schluss. Diese Reihenfolge gilt auch für Ihre Denkschritte. Beim Vortrag hingegen beginnen Sie natürlich mit dem Einstieg und enden mit dem Schluss.

---

* Laut Redenberater (2004) geht diese Technik auf Chuck Miller zurück, der sie in seiner Zeit als Direktor an der Luftwaffenakademie entwickelt hat.

Die 4-Schritt-Stegreif-Technik

Stellen Sie sich vor, der Geschäftsführer bittet Sie überraschend im Rahmen einer Analystenkonferenz, die aktuelle Geschäftssituation in China kurz darzustellen. Dabei möge es üblich sein, vom Rednerpult aus zu sprechen.

Zunächst geht es für Sie jetzt darum, einige Sekunden Zeit zu gewinnen und Ihr „Minikonzept" zu entwickeln: Hierzu bedanken Sie sich bei Ihrem Chef, stehen langsam auf und gehen mit sicheren Schritten ans Pult. Sie gewinnen zusätzliche Zeit, wenn Sie eine Unterlage mitnehmen, die Sie am Rednerpult ablegen. Dann schauen Sie Ihr Publikum freundlich an, atmen einige Male tief durch und beginnen zu sprechen.

In dieser Zeit haben Sie Folgendes durchdacht:

1. Hauptpunkt: Was fällt Ihnen spontan zum Thema ein? Was können Sie als Kernaussage verwenden? Nehmen Sie den ersten tragfähigen Gedanken. Hier etwa: Gute China-Bilanz im letzten Quartal und Optimismus für die Zukunft.

2. Stützen: Wie kann ich meine „Kernaussage" absichern? Dies können zum Beispiel zwei Zahlen sein: 30 Prozent Umsatzplus in der Region Shanghai. Positive Prognose bis zum Jahresende aufgrund von Auftragseingängen.

3. Einstieg: Wenn Ihnen kein origineller Einstieg einfällt, ist ein situativer Bezug (zum Vorredner; zum Auditorium …) oder ein aktuelles Ereignis die beste Einleitung: „Ich hab in der letzten Woche in China gute Gespräche geführt mit XY"; „Ich habe Ihnen die aktuellen Zahlen des letzten Quartals mitgebracht …"

Es lohnt sich, andere Eröffnungsvarianten wie Zitate und Sinnsprüche abrufbereit im Gedächtnis zu haben oder mit bewährten Redewendungen wie „gute Nachricht/schlechte Nachricht" zu beginnen: „Die gute Nachricht: Wir liegen beim Produkt XY 15 Prozent über Plan. Die schlechte Nachricht: Unser schärfster Mitbewerber hat eine Offensive gestartet."

4. Schluss: Sie können ein kurzes Fazit bringen und schließen mit einem Appell an die Zuhörer oder mit einem Ausblick. In vielen Fällen ist es auch sinnvoll, eine Brücke zum Einstieg zu schlagen oder eine Ich-Botschaft zu bringen: „Ich bin davon überzeugt, …"; „Ich bin sicher, dass wir Ende des Jahres …"

Je nach Situation, dem rhetorischen Können und der Vertrautheit mit dem Thema gibt es auch hier eine Fülle von Alternativen: Wenn kaum Zeit bleibt, können Sie den zweiten Punkt „Stützen" weglassen. Sie beschränken sich also auf Ihre Kernbotschaft (Hauptpunkt) und beginnen dann mit dem Einstieg. Dabei ist es von unschätzbarem Wert, einfache Aufbaupläne für Kurzvorträge fertig im Kopf zu haben, zum Beispiel die Problemlösungsformel oder die Formel: Früher ..., heute ..., morgen (siehe Seite 184ff.).

Der Präsentator als Beziehungsmanager

Wer präsentiert, sollte sich bewusst machen, dass PowerPoint-Charts und andere Medien allein nicht ausreichen, um Zuhörer zu überzeugen. Wichtiger sind zwischenmenschliche Fähigkeiten („soziale Kompetenzen"), ohne die es nicht gelingt, eine gute Beziehung zum Kunden herzustellen und kontinuierlich zu entwickeln. Das Mensch-zu-Mensch-Verhältnis ist wichtiger für die Vertrauensbildung und Entwicklung einer langfristigen Partnerschaft als Digitaltechnik und Multimedia. Achten Sie deshalb unbedingt darauf, dass vor, während und nach der Präsentation die Wirkung auf Ihr Publikum positiv ist. Ihr Gegenüber muss spüren, dass er stets im Mittelpunkt steht und dass es Ihnen als Präsentator Freude macht, mit ihm zu sprechen und mit ihm gemeinsam seine Probleme zu lösen. Schenken Sie Ihren Zuhörern mindestens so viel Aufmerksamkeit wie Ihrem Thema.

13 Transferhilfen
Wie Sie Ihre Kommunikation optimieren

> Wenn ich einen Tag nicht übe, merke ich es.
> wenn ich zwei Tage nicht übe, merken es meine Kritiker,
> wenn ich drei Tage nicht übe, merkt es mein Publikum.
>
> Ignacy Jan Paderewski (Pianist)

Auf einen Blick:

1 Eigene Stärken und Verbesserungspotenziale erkennen
2 Praxistipps zur Verhaltensverbesserung im Alltag
3 Chancen des Seminarlernens nutzen

Beim Lesen dieses Buches haben Sie sicherlich eine Reihe nützlicher Erkenntnisse und Tipps gefunden, die Sie in Ihrer Praxis umsetzen wollen. Nun stehen Sie vor der Frage, wie Sie am besten vorgehen, um das Neue mit Erfolgsaussicht anzuwenden. Einen Teil des Neuen werden Sie relativ leicht umsetzen können. Dies gilt vor allem für Empfehlungen, die sich auf die Vorbereitung von Diskussionen, Vorträgen oder Fernsehbeiträgen beziehen. Schwieriger ist es, das Kommunikationsverhalten nachhaltig zu verbessern. Dazu bedarf es eines planvollen Vorgehens, das hierunter beschrieben ist.

1 Eigene Stärken und Schwächen erkennen

Bei der Bestandsaufnahme Ihres aktuellen Kommunikationsverhaltens können Sie sich an den Inhalten dieses Buches orientieren. Anhand des modularen Bausteinsystems auf Seite 12 können Sie zum Beispiel bestimmte für Sie relevante Kapitel durcharbeiten und dabei diejenigen Anregungen und Techniken herausschreiben, die zu Ihrer Persönlichkeit, zu Ihrem konkreten Bedarf und zu Ihren Anwendungssituationen besonders gut passen.

Hinweis

Vergessen Sie bei der Selbstanalyse nicht Ihre kommunikativen Stärken. Im Hinblick auf das eigene Selbstwertgefühl und das Selbstvertrauen ist es wichtig, sich die besonderen Fähigkeiten bewusst zu machen, die Sie beim Sprechen, Argumentieren und Diskutieren in die Waagschale werfen können. Hierzu gehören auch Aspekte wie Kontaktfähigkeit, Fachkompetenz, eine mikrofontaugliche Stimme, Zuhören können, Optimismus, glaubwürdiges und seriöses Auftreten.

Wenn Sie Ihre persönlichen Stärken und Schwächen einigermaßen realistisch erkennen wollen, benötigen Sie Informationen darüber, wie Sie auf andere wirken. Diese Frage kann man nicht durch Selbstanalyse beantworten. Es ist vielmehr notwendig, das Selbstbild (Wie nehme ich mich selbst wahr?) mit dem Fremdbild zu vergleichen (Wie nehmen mich die anderen wahr?). Meine Erfahrungen in Seminaren und Coachings zeigen immer wieder, dass die Selbsteinschätzung meistens schlechter ausfällt als die Einschätzung von anderen.

Unverzichtbar ist daher eine offene und ehrliche Rückmeldung (= Feedback) der Umwelt. Die Schlüsselfrage: Wie werden Ihre öffentlichen Auftritte sowie Ihr dialektisches und rhetorisches Verhalten von anderen wahrgenommen und bewertet?

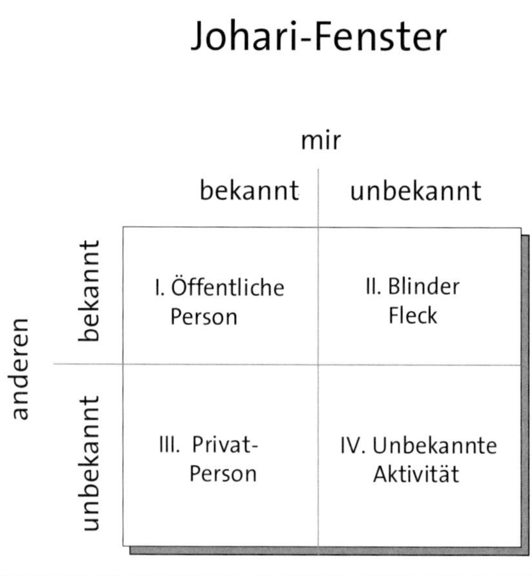

Johari-Fenster

	mir bekannt	mir unbekannt
anderen bekannt	I. Öffentliche Person	II. Blinder Fleck
anderen unbekannt	III. Privat-Person	IV. Unbekannte Aktivität

Abbildung 19: Johari-Fenster

Diese zwischenmenschlichen Zusammenhänge und die Funktion des Feedback lassen sich recht anschaulich mit Hilfe des „Johari-Fensters" (siehe Abbildung 19) erläutern. Das Kunstwort Johari ist aus den Namen der amerikanischen Psychologen Joseph Luft und Harry Ingham gebildet worden, die dieses Fenster konzipiert haben.

Die vier Bereiche im Einzelnen:

Bereich I: „Öffentliche Person"
Dies ist der Bereich Ihrer Person, der Ihnen selbst und den anderen bekannt ist. Nach der ersten Präsentation vor einem Kreis von Journalisten ist dieser Bereich noch klein. Wenn Sie über Monate oder Jahre mit Hilfe zahlreicher Kontakte eine vertrauensvolle Beziehung aufgebaut haben, wird dieser Bereich relativ groß sein. Sie haben dann einen großen Teil Ihrer Person für die Journalisten öffentlich gemacht.

Bereich II: „Blinder Fleck"
Dieses Feld beinhaltet Verhaltensweisen, die für andere sichtbar, Ihnen selbst jedoch nicht bewusst sind. Wenn Sie vor Publikum sprechen oder in Rede und Gegenrede stehen, zeigen Sie in der Regel auch solche Verhaltensmuster, die Ihnen unbekannt sind, die Ihre Zuhörer jedoch wahrnehmen. Dies können sowohl negativ bewertete Verhaltensmuster sein wie Verlegenheitsgesten, zu schnelles Sprechen, „Äh-Sagen" oder Dominanzgebärden als auch positiv bewertete Verhaltensmuster. So können Sie zum Beispiel sehr viel kompetenter und sicherer wirken, als Sie selbst vermuten.

Feedback-Gespräche bieten Ihnen die Möglichkeit, den eigenen blinden Fleck zu verkleinern. Bitten Sie Menschen Ihres Vertrauens, Ihnen ehrlich und offen zu sagen, wie sie Ihr Verhalten erleben. Dieses Feedback ist im Zusammenspiel mit einer Videokontrolle eine wertvolle Hilfe, um zu einer realistischen Selbsteinschätzung zu gelangen.

Wer kann Ihnen offenes Feedback geben?

- Partner, Freunde, Bekannte
- Kollegen, Vorgesetzte, Mitarbeiter, Sekretärin
- Trainer und Teilnehmer in Seminaren
- Berater und Coaches

Bereich III: „Privatperson"
Dies ist derjenige Teil Ihrer Persönlichkeit, der Ihnen bekannt ist, den Sie aber in der Regel vor anderen verbergen. So wird man in der externen Kommunikation nicht alles sagen, was man sagen könnte (Grundsatz selektiver Wahrheit): Sie werden beispielsweise persönliche Wissenslücken oder kontroverse unternehmensinterne Diskussionen nicht ansprechen.

Bereich IV: „Unbekannte Aktivität"
Dies ist der unbewusste Bereich Ihrer Persönlichkeit, der weder Ihnen noch den anderen bekannt ist. Dazu gehören zum Beispiel verdrängte Ereignisse oder Handlungen der eigenen Lebensgeschichte wie auch latente Begabungen und Fähigkeiten, die noch nicht in Erscheinung getreten sind.

2 Praxistipps zur Verhaltensverbesserung im Alltag

Ausgehend von der Stärken-Schwächen-Analyse geht es nun darum, konkrete Aktionen zu planen, um persönliche Stärken auszubauen und Schwachstellen zu überwinden. Wichtig ist hierbei, dass Sie sich erreichbare Lernziele setzen, die Erfolgserlebnisse ermöglichen: Erfolgserlebnisse sind unverzichtbar, weil sie die Trainingsmotivation verstärken.

Konkrete Transfertipps

1. Anwendungsplan erstellen
Notieren Sie Ihre Lernziele und Vorsätze in einem Anwendungsplan. Beschränken Sie sich dabei auf maximal drei Trainingsziele. Achten Sie darauf, dass die zuerst ausgewählten Ziele eine hohe Erfolgswahrscheinlichkeit haben. Wenn Sie ein Teilziel erreicht haben, aktualisieren Sie Ihren Trainingsplan, indem Sie jeweils das folgende Ziel aus Ihrer Rangreihe an die Stelle des bereits erreichten Zieles setzen.

2. Das Neue im Alltag anwenden
„Begabungen können sich nur zeigen, wenn man sie auf die Probe gestellt hat" – so Wolfgang Johann von Goethe vor etwa 200 Jahren. Dieser pädagogische Grundsatz ist nach wie vor gültig. Suchen Sie Gelegenheiten, um das Neue anzuwenden, zu wiederholen und zu üben: Jede Diskussion, jedes Statement, jede Präsentation ist geeignet, die eigene Rhetorik und Dialektik weiterzuentwickeln und aus Fehlern zu lernen. Freuen Sie sich über Stress-Situationen und besonders schwierige Zeitgenossen: Denn sie bieten

Ihnen die Chance, Neues zu erproben. Lassen Sie sich dabei nicht durch negative innere Dialoge oder Redehemmungen blockieren. Setzen Sie im Zweifel auf Handeln, denn Handeln besiegt Angst und bringt neue Erfahrungswerte (siehe auch Kapitel 4).

Ergreifen Sie die erstmögliche Chance, Ihren Vorsatz durchzuführen. Vorsätze teilen Ihrem Gehirn ein neues „Verhaltensmuster" mit, allerdings nur dann, wenn sie Auswirkungen im Alltag haben. Ohne Erfolgserlebnisse wird es nicht gelingen, die erwünschten Verhaltensweisen aufzubauen und auf Dauer zu festigen.

3. Mit Erinnerungsstützen arbeiten
Damit Sie Ihr Trainingsvorhaben nicht vergessen, ist es ratsam, schriftliche oder symbolische Merkhilfen zu nutzen. Dies können zum Beispiel Merkzettelchen oder Klebepunkte sein, die Sie dort anbringen, wo Sie häufig hinschauen, also zum Beispiel in der Brieftasche, auf dem Schreibtisch, in der Folienmappe, auf den Rahmen der Schutzhüllen, im Zeitplanbuch, im Autocockpit. Im Allgemeinen genügt es, die einzelnen Trainingsziele in einem Wort oder einem Symbol zu notieren (möglichst farbig).

Eine weitere Möglichkeit, der Vergessenskurve ein Schnippchen zu schlagen, besteht darin, ein „persönliches Projekt" zum Thema Rhetorik/Dialektik zu definieren und sich mit Outlook oder einer vergleichbaren Software einmal pro Woche an den Anwendungsplan erinnern zu lassen.

Prüfen Sie auch die Möglichkeit, mit einem Lernpartner oder Coach zusammenzuarbeiten und dadurch für eine zusätzliche Motivation zu sorgen.

Sie könnten sich regelmäßig treffen und
- über Fortschritte und Erfolgserlebnisse bei der Anwendung sprechen,
- allgemeine Schwierigkeiten beim Transfer und Maßnahmen zu ihrer Überwindung erörtern,
- den individuellen Anwendungsplan aktualisieren.

4. Kleine Übungen in den Alltag integrieren
Es gibt eine Reihe bewährter rhetorischer und dialektischer Übungen, die Sie bei Bedarf in Ihren Alltag fest einplanen können. Eine Auswahl davon ist im folgenden Kasten dargestellt (weitere Übungen auf Seite 179ff.).

Übungen im Alltag

- Denk-Sprechen üben (mit Tonband oder Video)
- Statements trainieren
- Stegreif-Sprechen fördern
- Zeitgefühl verbessern
- Sprachliche Unarten beseitigen (Äh-Sagen usw.)
- Frage- und Einwandtechniken trainieren (in allen kommunikativen Situationen)
- Initiative zeigen in Diskussionsrunden, Besprechungen und Gesprächen
- Analyse von Statements, Interviews und Talkshows in Rundfunk und Fernsehen

3   Chancen des Seminarlernens nutzen

Die Teilnahme an Seminaren bietet – hohe pädagogische und inhaltliche Qualitätsstandards vorausgesetzt – eine Reihe zusätzlicher Chancen: Sie erhalten Gelegenheit, unter fachlicher Anleitung beispielsweise praxisbezogene Präsentationen, Diskussionsrunden oder Stress-Interviews zu simulieren, Neues zu erproben, Erfahrungen mit anderen Teilnehmern auszutauschen und durch Feedback-Gespräche und Videokontrolle Ihren „blinden Fleck" zu verkleinern.

Unabhängig davon, ob Sie rhetorisches oder dialektisches Know-how aus einem Buch, einem Seminar oder aus Gesprächen mit Fachleuten beziehen, beachten Sie bei der Weiterentwicklung Ihrer Überzeugungsfähigkeiten stets, dass Sie sich treu bleiben. Sie sind am überzeugendsten, wenn Sie eine positive Einstellung zu sich selbst haben, wenn Sie situationsgerecht und wesensgemäß auftreten, wenn Sie sich mit Ihrem Thema identifizieren und wenn Sie wertschätzend mit Ihren Zuhörern umgehen (siehe Kapitel 1).

Suchen Sie sich aus dem Angebot dieses Ratgebers diejenigen Empfehlungen heraus, die zu Ihren beruflichen Situationen, Ihren Zielen und zu Ihrer Persönlichkeit passen. Bei der Umsetzung der für Sie relevanten Inhalte helfen die vorgeschlagenen Maßnahmen zur Transferförderung. Unverzichtbar sind dabei vor allem eine realistische Stärken-Schwächen-Analyse, ehrliches Feedback von anderen sowie die Bereitschaft, das Neue im Alltag anzuwenden. Übung im Alltag ist durch nichts zu ersetzen. In diesem Sinne antwortete Helmut Schmidt einmal auf die Frage, worauf er sein rhetorisches Können zurückführe: Es war das Stahlbad der Praxis!

Ich wünsche Ihnen viele herausfordernde Situationen in der externen Kommunikation und hoffe, dass Sie durch Ihr rhetorisches Geschick und durch Ihre emotionale Intelligenz stets in der Lage sind, Ihre zentralen Botschaften bei den Anspruchsgruppen Ihres Unternehmens zu verankern und gleichzeitig die Beziehungen zu Ihren Zuhörern nachhaltig weiterzuentwickeln.

Ihr
Albert Thiele

Gern beantworte ich Ihre Fragen zu Seminaren oder Coachings wie auch zu weiterführenden Themen. Über Ihr Feedback zum Buch würde ich mich besonders freuen: Was hat Ihnen gefallen, was sollten wir in Zukunft anders machen?

Übungen, Checklisten und Materialien

Rhetorische Übungen	Seite
1. Standpunkte formulieren	179
Arbeitsblatt	179
100 Themen	180
2. Stegreif-Sprechen	182
3. Strukturpläne für Vortrag und Argumentation	184
4. Wie kann ich mir Dehnungslaute abtrainieren?	187

Checklisten und Materialien zu den Standardsituationen	Seite
Zu Kapitel 7: Statements	
Checkliste 1: Was ist grundsätzlich vor Medienauftritten zu klären?	188
Checkliste 2: Was ist bei der Abgabe eines Statements zu bedenken?	190
Zu Kapitel 8: Stress-Interview	
Checkliste 3: Wie bereite ich mich auf ein Fernsehinterview vor?	192
Zu Kapitel 9: Talkshows und Diskussionsrunden	
Checkliste 4: Wie bereite ich mich auf eine Talkshow vor?	194
Phasenkonzept für den Ablauf von Diskussionsrunden	195
Zu Kapitel 12: Vortrag und Präsentation	
Checkliste 5: Kurz vor dem Auftritt	199
Checkliste 6: Überzeugend vortragen	201
Checkliste 7: Zwölf weitere Ideen für einen zündenden Einstieg	204
Ergänzend	
Checkliste 8: Merkpunkte zur Analyse der Zuhörer	207
WWW-Links zur externen Kommunikation	211

1. Übung: Standpunkte formulieren

Diese Übung bietet Ihnen die Chance, Ihren Standpunkt knapp, klar und strukturiert zu formulieren. Dabei können Sie die Strukturpläne auf Seite 184ff. sowie die Inhalte des Kapitels 7 zum Thema „Statement" nutzen. Als Hilfsmittel benötigen Sie ein Tonbandgerät und eine Uhr.

Ziel	Sie trainieren Ihre Fähigkeit, Ihren Standpunkt zielgerichtet und strukturiert zu formulieren.	
Themenangebot	Eine Liste mit 100 nummerierten Themen finden Sie auf Seite 180f.	
Vorgehen	1. Wählen Sie aus der Themenliste auf Seite 180f. ein allgemeines oder ein Pro-Contra-Thema aus. 2. Erarbeiten Sie zu diesem Thema ein Stichwortkonzept. 3. Prägen Sie sich das Stichwortkonzept ein. 4. Sprechen Sie dann Ihren Standpunkt auf Tonband. Stoppen Sie dabei die Zeit. 5. Fragen Sie sich bei der Tonbandanalyse, was gelungen ist und was Sie hätten besser machen können, und zwar hinsichtlich Stimme/Sprechtechnik sowie Inhalt/Struktur.	
	Stimme/Sprechtechnik	Inhalt/Struktur
	• Flüssigkeit des Sprechens • Pausentechnik • Modulation • Äh-Sagen und Stereotype	• Aufbau und Gliederung • Qualität der Argumente • anschauliche Beispiele • Einstieg und Zielsatz

Hinweis

Bei der Planung Ihres Standpunkts gehen Sie in den folgenden drei Schritten vor. Sie sprechen Ihr Statement natürlich in umgekehrter Reihenfolge, also: Situativer Einstieg – Begründung – Zwecksatz.

Allgemeine Themen

1. Anforderungen an Führungskräfte
2. Assessment Center
3. Astronomie
4. Ausgleichssport
5. Autostau
6. Beamtentum
7. Bildungsmisere
8. Bill Gates
9. Bodybuilding
10. Charisma
11. Coaching
12. Corporate Identity
13. Cross-Cultural-Management
14. Dresscode im Beruf
15. E-Learning
16. Energiepolitik
17. Erfolgserlebnisse im Beruf
18. Europäische Union
19. Exzellenz im Service
20. Fernsehkonsum
21. Fitnesstraining
22. Fremdsprachenkompetenz
23. Fußball im Fernsehen
24. Gesundheitssystem
25. Eliteuniversitäten
26. Homepages optimieren
27. Image der Deutschen
28. Körpersprache
29. Videokonferenz
30. Fremdsprachen
31. Gewalt in der Schule
32. Kreativität der Mitarbeiter fördern
33. Lampenfieber
34. Lebenslanges Lernen
35. Machtrituale im Beruf
36. Meditation
37. Motivation der Schullehrer
38. New York
39. Elektrosmog
40. Optimale Startchancen für Kinder
41. Pisa-Studie
42. Powerpoint-Präsentationen
43. Pressefreiheit
44. Pünktlichkeit der Bahn
45. Qualität in der Weiterbildung
46. Rhetorik und Karriere
47. Schachspielen
48. Schauspielen im Beruf
49. Shopping
50. Spitzentechnik
51. Steuerehrlichkeit
52. Stress
53. Teamentwicklung
54. Unternehmensberater
55. Urlaub
56. Vorurteile im Beruf
57. Was motiviert Mitarbeiter?
58. Weiterbildung
59. Wissensgesellschaft
60. Zeitfresser „Besprechungen"
61. Zukunftsgerichtetes Marketing
62. Bürgerrente
63. Mülltrennen

Pro-Contra-Themen

64. Hartz IV	83. Metrorapid
65. Bürgerversicherung	84. Private Hochschulen
66. Irak-Krieg	85. Rauchen
67. Castortransport	86. Todesstrafe
68. Frauenquote	87. Solidaritätszuschlag
69. Entwicklungshilfe	88. Tempolimit Autobahn
70. Formel 1	89. Tempo 30 in Innenstädten
71. Genfood	90. Tierschutz
72. Gesundheitsprämie	91. Verkehrsfreie Innenstädte
73. Internet-Zugang für 14-Jährige?	92. Weltraumfahrt
74. Kernenergie	93. Rauchen in Bahnhöfen
75. Kirchensteuer	94. Freigabe leichter Drogen
76. Klonbaby	95. Windenergie
77. Ladenschluss	96. Rauchverbot in Kneipen
78. Werbeverbot für Zigaretten	97. Entwicklungshilfe
79. Große Koalition	98. PKW-Maut
80. Führerschein mit 17 Jahren	99. Wehrpflicht
81. Türkei in die EU.	100. Genetischer Fingerabdruck
82. Latein in der Schule	

1. Erster Planungsschritt: Zwecksatz

Was will ich von den Zuhörern? Was sollen sie tun? Worüber sollen sie entscheiden?

2. Zweiter Planungsschritt: Begründung

Welche Fakten, Zahlen und Argumente habe ich, um meinen Zwecksatz zu unterstützen? Welche Beispiele habe ich zur Veranschaulichung?

3. Dritter Planungsschritt: Situativer Einstieg

Welche Einleitung ist geeignet, um Aufmerksamkeit für das Thema zu wecken? Wie kann ich die Bedeutung des Themas für die Zuhörer herausstellen?

2. Übung: Stegreif-Sprechen zu einem vorgegebenen Thema

In allen Standardsituationen (Kapitel 7 bis 12) können Sie aufgefordert werden, aus dem Stegreif Ihre Meinung zu sagen. Wenn Sie regelmäßig üben, fällt Ihnen dies leichter.

Ziel	Sie trainieren Ihre Fähigkeit, ohne Vorbereitung zu einem beliebigen Thema zu sprechen.
Themenangebote	Eine Liste mit 100 durchnummerierten Themen finden Sie auf Seite 180f. Es erleichtert das Handling, wenn Sie diese Liste kopieren.
Ablauf der Übung	1. Zur Aufnahme und Kontrolle Ihrer Stegreif-Beiträge benötigen Sie einen Kassettenrekorder und eine Uhr mit Sekundenzeiger oder eine Stoppuhr. 2. Wählen Sie als zeitliche Vorgabe für die Übung zunächst 30 Sekunden. Sie können die Dauer später auf eine Minute ausdehnen. 3. Da die Themen auf der Liste aufsteigend nummeriert sind, ist es leicht, ein Thema für Ihre Stegreif-Übung zu finden. Sie denken sich einfach eine Zahl zwischen 1 und 100 aus und schauen in der Liste, welches Thema Ihrer Zahl entspricht. Wenn Sie beispielsweise die Zahl 64 ausgewählt haben, lautet Ihr Stegreif-Thema Hartz IV. 4. Denken Sie 15 Sekunden über das Thema nach und beginnen Sie dann zu sprechen. Schalten Sie dabei Ihr Tonband ein. 5. Fragen Sie sich bei der Tonbandanalyse, was gelungen ist und was Sie hätten besser machen können hinsichtlich Stimme/Sprechtechnik sowie Inhalt/Struktur. 6. Wiederholen Sie die Übung mehrfach mit immer neuen Themen. Hinweis: Lassen Sie sich von den Praxistipps auf Seite 183 inspirieren, um beim Stegreif-Sprechen Stoff zu finden und nicht hängen zu bleiben.

Praxistipps, die das Stegreif-Sprechen erleichtern
- Lassen Sie sich von der 4-Schritt-Stegreif-Technik auf Seite 167f. inspirieren.
- Sie können auch die Strukturierungshilfen auf Seite 184ff. nutzen.
- Beginnen Sie konkret und lebensnah (mit einem anschaulichen Beispiel, persönlicher Erfahrung o.ä.).
- Sie können zu Anfang spontane Assoziationen zum Thema bringen.

3. Übung: Strukturpläne für Vortrag und Argumentation

Hierbei handelt es sich um gedankliche Baupläne, die es Ihnen erleichtern, strukturiert zu argumentieren sowie Vorträge zielgerichtet aufzubauen. Prüfen Sie je nach Szenario und Thema, welche Strukturierungshilfe für Sie infrage kommt.

AIDA-Formel	Kommentar und Hinweis zur Anwendung
Attention: Aufmerksamkeit beim Zuhörer erzeugen **I**nterest: Interesse für das Thema aufbauen **D**esire: Drang zur Annahme wecken **A**ction: Zum Handeln bringen	Die einfachste und bekannteste Gliederungsformel. Sie stammt aus der Verkaufsförderung *Anwendung*: Bei einfachen Themen und kurzen Redebeiträgen.

Problemlösungsformel	Kommentar und Hinweis zur Anwendung
1. Situationsanalyse 2. Negative Konsequenzen aufzeigen 3. Ziel definieren 4. Lösungsvorschlag 5. Appell/Zielsatz	zu 1: Darstellung des Problems (Defizit, Soll-Ist-Abweichung ...) zu 2: Was passiert, wenn wir nicht handeln ...? zu 3: Was soll erreicht werden? zu 4: Wie kann das erreicht werden? zu 5: Was will ich von Ihnen ...? *Anwendung*: Wenn Sie die Zuhörer für eine Idee oder einen Lösungsvorschlag gewinnen wollen.

Pro-Contra-Formel	Kommentar und Hinweis zur Anwendung
1. Themen nennen 2. Gegenposition darlegen 3. Gegenargumente behandeln 4. Eigene Position darstellen 5. Eigene Argumente bringen 6. Fazit 7. Zum Handeln auffordern	Aus der Sicht der Zuhörer wirkt diese Formel fair und glaubwürdig, weil Sie explizit auf die Meinung der Gegenseite eingehen. *Anwendung:* Wenn Sie sich in Ihrem Vortrag oder in einem Diskussionsbeitrag mit konträren Positionen auseinander setzen wollen.

Chronologische Formel	Kommentar und Hinweis zur Anwendung
1. Situativer Einstieg 2. Früher ... 3. Heute ... 4. Morgen ... 5. Zwecksatz	Bei diesem einfachen und bekannten Gliederungsschema stellen Sie den Dreiklang: Vergangenheit, Gegenwart und Zukunft in den Mittelpunkt Ihrer Rede. *Anwendung*: Gut geeignet für Wortbeiträge aus dem Stegreif.

Standpunkt-Formel	Kommentar und Hinweis zur Anwendung
1. Standpunkt darlegen 2. Begründung 3. Beispiele 4. Schlussfolgerung 5. Aufforderung zum Handeln	Bei dieser Strukturformel begründen Sie, warum Sie für oder gegen eine Sache oder einen Vorschlag sind. Sie verzichten darauf, sich mit der Gegenposition auseinander zu setzen. *Anwendung:* In Diskussionsrunden, im Interview oder in Gesprächen.

Neuer Gesichtspunkt	Kommentar und Hinweis zur Anwendung
1. Wir diskutieren seit geraumer Zeit ... 2. Dabei stand der Aspekt xy im Mittelpunkt ... 3. Es gibt einen weiteren Punkt, der noch nicht zur Sprache gekommen ist ... 4. Dieser Punkt ist sehr wichtig, weil ... 5. Daher schlage ich vor ...	Sie lenken bei dieser Technik die Aufmerksamkeit der Zuhörer oder Teilnehmer auf einen neuen Punkt, der Ihnen am Herzen liegt. Um ans Wort zu kommen, können Sie bei einem Stichwort einhaken oder den Moderator um eine Wortmeldung bitten (siehe hierzu Seite 119f.) *Anwendung:* In Diskussionsrunden oder in Gesprächen.

Drei-Punkte-Formel	Kommentar und Hinweis zur Anwendung
1. Situativer Einstieg 2. Erstens … 3. Zweitens … 4. Drittens … 5. Zielsatz/Appell …	Bei dieser Formel bringen Sie nach dem Einstieg drei Aspekte, die Ihnen wichtig sind. Dies können durchaus unterschiedliche Punkte sein. Sie schließen mit einer Aufforderung zum Handeln ab. *Anwendung:* In Diskussionsrunden, im Interview oder in Gesprächen.

4. Übung: Wie kann ich mir Dehnungslaute abtrainieren?

Grundsätzliches

- Kurze Sätze sprechen.
- Bogensatztechnik anwenden: Satzmelodie/Satzbogen endet mit leichtem Absenken der Stimme.
- Atemvorgang kontrollieren: Restluft ausatmen – einatmen – sprechen.
- Auf die Kernaussage hin formulieren (Kernaussage ständig vor Augen haben).
- Sich selbst ein Signal geben, bis zum nächsten Satz zu warten (ich muss erst im Kopf soweit sein).

Übungen

Ketten: Sätze jeweils abschließen. Anfangs mit Wiederholung der letzten Gedanken oder Wörter.

Beispiele:
„Ich besitze ein leistungsfähiges Notebook. – Dieses Notebook hat für mich drei Vorteile. – Diese Vorteile bestehen in …"

„Ich habe einen Vorschlag. – Dieser Vorschlag ist gut durchdacht. – Er ist gut durchdacht, weil ich mehrere Jahre im Einkauf gearbeitet habe. – Im Einkauf habe ich gelernt …"

Darüber hinaus können Sie jede Kommunikationssituation Ihres Alltags (Telefonate, Diktieren, Gespräche, Konferenzen, Präsentationen usw.) als beste Gelegenheit betrachten, ohne Dehnungslaute zu sprechen.

Erfolg versprechend wird dies dadurch, dass Sie sich durch geeignete Merkstützen an Ihren Vorsatz erinnern. Sonst vergessen Sie das Vorhaben. Sie können auch einen Menschen Ihres Vertrauens bitten, Sie nach einem „Äh" darauf aufmerksam zu machen (weitere Transferhilfen auf Seite 169ff.).

Checkliste 1: Was ist grundsätzlich vor Medienauftritten zu klären?

Worum geht es?

- Um welches Thema geht es in der Anfrage?
- Was weiß ich über Sender, Redaktion, Journalist?
- Welche Art von Beitrag (Statement, Interview, O-Ton ...) ist geplant? In welcher Sendung? Zu welcher Zeit?
- Wie sehen thematisches Umfeld und Zielgruppe aus?
- Welcher Zeitrahmen steht zur Verfügung?
- Welche Kenntnis haben Redaktion/Journalist über mein Unternehmen?
- Wie ist deren Grundeinstellung dazu?
- Soll der Beitrag „live" ausgestrahlt oder für eine spätere Verwendung aufgezeichnet werden?

Passt der Auftritt zu unserer Unternehmenskommunikation?

- Wurde bereits bei anderen Stellen unseres Unternehmens um ein Statement/Interview angefragt? Was ist bereits gelaufen?
- Liegt der TV- oder Radiobeitrag im Interesse des eigenen Unternehmens?
- Inwieweit ist ein Statement/Interview/Diskussionsbeitrag überhaupt sinnvoll?
- Bin ich wirklich der richtige (kompetente) Interviewpartner für das Thema?
- In welcher Rolle soll ich zu Wort kommen?
- Wer soll ebenfalls zu Wort kommen?

Spezielle Vorfragen zum Journalisten

- Wer ist der Journalist, wie kann ich Informationen über ihn und seinen Interviewstil einholen?

- Ist der Interviewer
  - ein Selbstdarsteller, der lange redet und viele Fragen des Typs „Information plus Frage" stellt?
  - ein Promotor des Befragten, der kurze Fragen stellt und dem Befragten viel Raum zur Selbstdarstellung gibt?
  - ein Stellvertreter der Zuschauer, der eher sachlich-ruhig oder polemisch-aggressiv nachfragt?
- Möchte der Journalist ein kurzes Statement oder eine ausführliche Erklärung?
- Welche Fragen sollen zu welchen Themenkomplexen gestellt werden?
- Im Falle eines Interviews oder einer Talkshow: Lassen Sie sich vom Sender ein Videoband zuschicken mit der Sendung, in der Sie vorgesehen sind. Dieses Band gibt Ihnen Aufschluss über Frageform, Persönlichkeit und Vorgehensweise des Journalisten.
- Klären Sie im Vorgespräch mit dem Journalisten, für welche Fragen oder Aspekte Sie nicht zur Verfügung stehen.

Checkliste 2: Was ist bei der Abgabe eines Statements zu bedenken?

Ein Statement ist eine kurze Stellungnahme, die vom Journalisten im Originalton eingeholt wird. Statements ergänzen Meldungen in Nachrichtensendungen oder sind Bestandteile von Berichten, Reportagen oder anderen Sendeformen. Eine Eingangsfrage des Journalisten kann einem Statement vorgeschaltet werden.

Beantworten Sie vorab mindestens diese Fragen (weitere Fragen in Checkliste 1)

- Zu welchem Thema soll ich ein Statement geben?
- Für welche Zielgruppe?
- In welcher Sendung und in welchem Kontext soll ich zu Wort kommen?
- Wie viel Zeit steht zur Verfügung?

Merkpunkte zur inhaltlichen Vorbereitung

- Was ist meine Kernbotschaft?
- Steht mein Statement in Einklang mit den Vorgaben unserer unternehmerischen Kommunikationsstrategie?
- Mit welchen Einzelaussagen und Details untermauere ich meine Kernbotschaft (Zahlen, Fakten, Beispiele, Vergleiche …)?
- Habe ich beachtet, dass ein 30-Sekunden-Statement etwa 7 bis 8 Schreibmaschinenzeilen entspricht (Faustregel: 5 bis 6 Sätze)?

Spezielle Qualitätskriterien für die Vorbereitung

- Inwieweit habe ich eine einfache, anschauliche Sprache verwendet, die die Vorstellungskraft beim Publikum fördert („Kopfkino")?
- Inwieweit ist mein Vokabular imagefördernd, positiv und verständlich?

- Habe ich mein Statement klar strukturiert? Habe ich einen Stichwortzettel angefertigt?
- Habe ich Länge und rhetorische Darbietung mit Stoppuhr und Tonband trainiert?
- Habe ich in Erfahrung gebracht, welche Einstiegsfrage mir der Journalist stellen wird?

Praxistipps für Ihren Auftritt

- Blicken Sie freundlich und gelassen in die Kamera, und zwar während des gesamten Statements.
- Stellen Sie sich dabei vor, dass Sie zu einem Freund sprechen, der hinter der Kamera steht. Dies reduziert Ihren Stress.
- Beginnen Sie sofort mit Ihrem Statement, ohne den Journalisten oder die Zuschauer anzusprechen.
- Bei einem Versprecher oder einer sachlich falschen Aussage haben Sie das Recht, um nochmalige Aufnahme zu bitten.
- Setzen Sie auf Echtheit und Glaubwürdigkeit.
- Je kürzer das Statement, desto wichtiger ist es für Sie, es vorher Wort für Wort zu formulieren.
- Bitten Sie den Kameramann, Ihnen das Statement noch einmal vorzuspielen.

Checkliste 3: Wie bereite ich mich auf ein Fernsehinterview vor?

Beantworten Sie zunächst die grundsätzlichen Fragen der Checkliste 1.

Fragen zur Vorbereitung Ihres Interviews

- Was weiß ich über den Fragestil des Journalisten?
- Was weiß ich über sein Hintergrundwissen zum Thema?
- Inwieweit kann ich die Fragen, die er stellen wird, vorab in Erfahrung bringen?
- Falls dies nicht machbar ist: Fragen Sie nach den Aspekten, die aus seiner Sicht besonders wichtig sind.
- Welche Art des Interviews ist gewünscht: Aufgezeichnet oder „live" vor Kamera oder am Telefon?
- Wo soll das Interview stattfinden (Studio, Unternehmen, zu Hause)?

Merkpunkte zur inhaltlichen Vorbereitung

- Welche Kernbotschaften und stützende Fakten, Zahlen und Argumente will ich unbedingt „rüberbringen"?
- Wie denken die Zuschauer (vermutlich) über den betreffenden Sachverhalt? Welches Vorwissen kann ich bei den Zuschauern voraussetzen?
- Welchen Bezug zur Lebenspraxis der Zuschauer kann ich herstellen?
- Wie kann ich den Nutzen des Themas für die Öffentlichkeit herausstellen?
- Wie kann ich meine Sachargumente durch Bilder und Vergleiche veranschaulichen?
- Sammeln Sie vor einem Interview sachliche und unsachliche Einwände/Fragen und überlegen Sie sich dazu Reaktionsmöglichkeiten.
- Erstellen Sie einen Stichwortzettel mit Ihren Kernbotschaften:
  - Heben Sie Ihre Beispiele, Vergleiche und wichtige Zahlen hervor.
  - Konzentrieren Sie sich auf Stichwörter, weil dies das freie Sprechen fördert.

- Wählen Sie eine wirkungsvolle Einstiegsantwort („psychologischer Haltepunkt") und eine zusammenfassende Ausstiegsantwort. Letztere sollte die entscheidenden Punkte enthalten, die Sie beim Zuschauer verankern wollen.
- Nutzen Sie die Technik „Blocken, Überbrücken, Kreuzen", um Ihre Kernbotschaften auf jeden Fall im Interview unterzubringen (siehe Seite 105ff.).

Checkliste 4: Wie bereite ich mich auf eine Talkshow vor?

Beantworten Sie zunächst die Vorfragen aus Checkliste 1. Wenn Sie sich für die Teilnahme an der Talkshow entschieden haben, sind folgende Punkte zu durchdenken.

Merkpunkte zur inhaltlichen Vorbereitung

- Definieren Sie drei bis fünf Kernbotschaften einschließlich der stützenden Fakten, Details und Beweismittel.
- Beantworten Sie sich die Frage, welche Positionen Ihre Kontrahenten einnehmen und wo deren Schwachstellen und Angriffsflächen liegen.
- Stellen Sie einen kleinen Fragenkatalog zusammen, der es Ihnen erleichtert, die Gegenargumente auf Tragfähigkeit zu prüfen.
- Bereiten Sie Ihr Eingangsstatement vor: Nutzen Sie es als Chance, Ihren Standpunkt oder die Position Ihres Unternehmens zum Thema darzulegen.

Praxistipps für die Teilnahme

Eher personalisierende Aspekte

- Ihre übergreifende Orientierung: sympathisch, glaubwürdig, kompetent und partnerschaftlich wirken.
- Bedenken Sie: Es geht nicht darum, den Moderator oder die übrigen Teilnehmer zu überzeugen, sondern das Publikum.
- Wenn Sie das Wort haben: Schauen Sie ruhig und gelassen den Moderator und die Teilnehmer an. Unterstützen Sie Ihre Ausführungen durch Gestik.
- Wenn Sie zuhören: Halten Sie Blickkontakt zu der Person, die das Wort hat. Beachten Sie, dass Sie in jedem Moment im Bild sein können.
- Nutzen Sie die Chance, eigene Erfahrungen und Ihre Betroffenheit einzubringen; nehmen Sie die Sorgen und Ängste der Öffentlichkeit ernst.

Eher sachliche Aspekte

- Beschränken Sie sich auf kurze Beiträge (Faustregel: 30 bis 60 Sekunden). Achten Sie darauf, Ihrem Gegenüber keine Steilvorlagen zu geben.
- Nutzen Sie situationsgerecht Interventionstechniken mit mäßigem oder erhöhtem Risiko (siehe Seite 120).
- Wenn Sie ins Schwimmen kommen, bringen Sie einfach Ihre Kernbotschaften: Sie sind Ihre „Inseln im Wasser".
- Wiederholen Sie Ihre wichtigsten Argumente zwei- bis dreimal.
- In Ihrem Schluss-Statement können Sie je nach Szenario entweder
  - Ihre Kernbotschaft verstärken,
  - einen Appell an bestimmte Zielgruppen (Gewerkschaften, Öffentlichkeit, Politik, Forschung, Medien ...) richten oder
  - einige Worte zum Erkenntnisfortschritt in der Diskussionsrunde sagen.

Spezielle Tipps für folgende drei Fragenkreise, die Teilnehmern erfahrungsgemäß Schwierigkeiten bereiten, finden Sie in Kapitel 9:
1. Wie kann ich mit Ängsten vor eigenen Wortbeiträgen und mit Kritik umgehen?
2. Was kann ich tun, um komplizierte Zusammenhänge zu vermitteln?
3. Wie gewinne ich Profil durch frühe Wortbeiträge und Aktivität während der Diskussion?

Phasenkonzept für den Ablauf von Diskussionsrunden – Eine Handreichung für den Moderator

Als Moderator können Sie sich bei der Durchführung der Diskussion an den Phasen Einleitung, Hauptteil und Schluss orientieren. Hier die wichtigsten Merkpunkte, die je nach Situation und persönlicher Präferenz modifiziert werden können.

2 Was gehört zur Einleitung?

- Anrede und Begrüßung des Publikums

Mit einer kurzen Begrüßungsformel „Guten Abend, meine Damen und Herren, ich begrüßte Sie ganz herzlich zu ..." nimmt der Moderator Kontakt zum Publikum auf. Die Begrüßung sollte mit besonderer Zuwendung an die Zuschauer gesprochen werden.

- Aktueller und motivierender Einleitungsgedanke

Über einen attraktiven Einleitungsgedanken („Aufhänger") kann der Moderator die Aufmerksamkeit der Zuschauer auf das Thema lenken und dessen Aktualität und Bedeutung unterstreichen. Der „attention spot" kann vor oder nach der Begrüßung gesprochen werden. Die zweite Variante hat sich zum Beispiel bei der Anmoderation politischer, wissenschaftlicher oder wirtschaftlicher Magazine durchgesetzt.

- Thema und Ziel nennen

Danach kommt der Moderator zum Thema der Veranstaltung und sagt einige Worte zur Zielsetzung der Diskussion.

- Vorstellung der Teilnehmer

Wie die Vorstellung konkret aussieht, hängt vom Charakter der Diskussionsrunde und vom Bekanntheitsgrad der Teilnehmer ab. Im Zweifel sollte die Vorstellungsrunde kurz gehalten werden. In der Regel werden folgende Elemente kurz angesprochen:
- Vor- und Zuname inklusive des Titels,
- Beruf oder aktuelle Funktion,
- Zugehörigkeit zu einer Partei oder Interessengruppe,
- Besonderheiten von allgemeinem Interesse sowie
- Einstellung zum Gesprächsthema.

Mit der Vorstellung kann auch der Grund für die Teilnahme verbunden werden. „Herrn Dr. Maier haben wir als mittelständischen Unternehmer eingeladen, weil er uns die besondere Situation kleiner und mittlerer Betriebe näher bringen kann."

Hinweis

In Fernsehdiskussionen wird zu Anfang der Sendung häufig ein Kurzfilm gezeigt, um ins Thema einzuführen und Vorlagen für den Einstieg in die Diskussion zu haben.

2 Was gehört zum Hauptteil?

Bei Diskussionsrunden fordert der Moderator die Teilnehmer (reihum) auf, ihren Standpunkt kurz darzulegen. Damit nicht vorgestanzte Einstiegsstatements gegeben werden, die mit dem Thema wenig zu tun haben, sollte der Moderator konkrete Einstiegsfragen stellen. An wen er die Startfrage richtet, sollte gut überlegt sein. Aus dramaturgischen Gründen kann dies jemand sein, der
- Neuigkeiten oder aktuelle Informationen mitbringt (z.B. ein Journalist, der gerade aus einem Krisengebiet zurückgekommen ist).

- ein Gutachten, einen Bescheid oder eine Entscheidung zu verantworten hat (z.B. ein Psychologe, dessen Gutachten einem Mehrfachmörder regelmäßige Freigänge ermöglicht hat).
- eigene Lebenserfahrung zum Thema beisteuern kann (z.B. ein hoch qualifizierter 48-jähriger Soziologe aus den neuen Bundesländern, der seit drei Jahren vergeblich versucht, einen neuen Arbeitsplatz zu finden).
- ein neues Projekt, eine Bürgerinitiative o.ä. auf den Weg gebracht hat.

Haben die Teilnehmer ihre Eröffnungsstatements gehalten, lenkt der Moderator zum ersten Themenfeld. Dabei nutzt er als Anknüpfungspunkte die Statements, um durch eine Impulsfrage die Diskussion zu eröffnen.

Aus der Sicht des Moderators kommt es darauf an,

- die gesamte Diskussion so zu strukturieren, dass relevante Aspekte des Themas diskutiert werden,
- zum nächsten Teilthema überzuleiten, wenn ein Aspekt/eine These behandelt worden ist,
- darauf zu achten, dass die gestellten Fragen beantwortet werden,
- einzugreifen, wenn sich ein Sprecher nicht ans Thema hält, seine Redezeit überschreitet oder unfair agiert,
- Rede- und Gegenrede zwischen den Kontrahenten auch einmal laufen zu lassen,
- mit den Teilnehmern von A bis Z wertschätzend umzugehen und gleichzeitig konsequent den Fahrplan der Sendung einzuhalten.

Darüber hinaus sollte er dialektische und rhetorische Fähigkeiten mitbringen, um die in Kapitel 9 besprochenen vier schwierigen Situationen zu beherrschen:
- Teilnehmer reden durcheinander,
- Selbstdarstellung anstatt Beantwortung der gestellten Fragen,
- Teilnehmer sind zu zurückhaltend,
- Diskussion verläuft uninteressant – Publikum schaltet ab.

3 Was gehört zum Schlussteil?

Der Schlussteil der Diskussion kündigt sich durch verbale wie nonverbale Signale an. In der Regel nimmt Unruhe und Aktivität im Teilnehmerkreis zu (jeder möchte noch Argumente loswerden, Teilnehmer sprechen häufiger durcheinander, Beiträge werden kürzer). Moderator und Teilnehmer werfen noch einen letzten Blick auf Spickzettel oder Unterlagen.

- Schluss-Statement

Mit einem Hinweis auf die verbleibende Zeit kündigt der Gesprächsleiter die Schlussrunde an. Dies kann ein Schluss-Statement sein, das die Position der einzelnen Sprecher noch einmal markiert. Für die Zuschauer ist es dabei besonders interessant, inwieweit dabei Abweichungen vom Eingangsstatement sichtbar werden. Wenn nur wenig Zeit bleibt, kann auch eine kurze abschließende Frage an die Teilnehmer gestellt werden: „Von jedem noch eine kurze Prognose …"; „Einen Satz bitte noch zu den Chancen des Konzepts …"; „Abschließend noch eine Frage: ‚Glauben Sie, dass das neue Rentenmodell kommen wird?'"

- Dank an Gäste und Zuschauer

Öffentliche Diskussionsrunden und Talkshows werden mit Dank an Teilnehmer und Zuschauer sowie mit einem positiven, zukunftsgerichteten Appell oder Ausblick beendet.

Checkliste 5: Kurz vor dem Auftritt

Wenn der Auftritt näher rückt, steigt erfahrungsgemäß der Adrenalinspiegel. Die folgenden Praxistipps zeigen Ihnen, was in den letzten Minuten vor dem Auftritt zu bedenken ist und wie Sie Lampenfieber in den Griff bekommen.

Unterlagen und Medien checken

- Überprüfen Sie in einem Schnell-Check, ob alle Unterlagen bereitliegen und die Medien präpariert sind.
- Bei PowerPoint-Präsentationen sollte der Computer bereits hochgefahren sein, bevor die Teilnehmer den Raum betreten. Legen Sie notwendige Utensilien wie Manuskript, Stichwortkonzept, Hand-out, Zeigehilfe, Laserpointer usw. an feste Plätze. Dies erspart Ihnen beim Vortrag lästiges Suchen.

Kreislauf aktivieren – Tief durchatmen

- Bringen Sie Ihren Kreislauf in Schwung, zum Beispiel durch einen Spaziergang, dosiertes Treppensteigen oder gymnastische Übungen.
- Bei großer Aufregung hilft Tiefenatmung in drei Phasen: 1. Tief einatmen (Bauch heraus!) – 2. Luft 5 Sekunden anhalten – dann 3. Langsam ausatmen. Wiederholen Sie diese Übung ein paarmal vor dem Auftritt.
- Essen Sie vor dem Auftritt möglichst wenig und begrenzen Sie den Kaffeekonsum. Zu viel Koffein verstärkt Ihre Nervosität.

Outfit überprüfen

- Checken Sie Kleidung, Frisur, Brille und äußeres Erscheinungsbild. Holen Sie sich hierzu Feedback von einer Person Ihres Vertrauens.
- Tragen Sie bei Vorträgen keine Kleidungsstücke, die Sie einengen.

Stimmen Sie sich positiv ein

- Erfolgszuversicht und Ausstrahlung hängen davon ab, dass Sie positiv über sich denken („Ich glaube an mich."; „Ich schaffe das."), hinter Ihren Inhalten stehen („Ich identifiziere mich mit meinen Botschaften.") und wertschätzend über Ihre Zuhörer denken („Meine Zuhörer sind Partner, nicht Gegner.").
- Nehmen Sie sich nach einer stressigen Anreise eine „Bordsteinminute", bevor Sie sich den Zuhörern zeigen. Um freundlich zu wirken, können Sie sich diese vier Formeln einige Male innerlich vorsagen: Ich freue mich, dass ich hier bin. – Ich freue mich, dass Sie hier sind. – Ich bin ganz für Sie da. – Ich fühle mich gut vorbereitet.
- Viele Manager nutzen vor dem Auftritt ein Mentaltraining, um
  - sich die einleitenden Sätze und die Kernbotschaften einzuprägen,
  - sich zurückzuerinnern an Momente ihrer Karriere, auf die sie besonders stolz sind (zum Beispiel gelungene Vorträge oder Preisverleihungen) und in denen sie somit im „Zustand der besten Verfassung" waren,
  - den Auftritt und die rhetorische Präsentation gedanklich so durchzuspielen, wie sie ablaufen sollen.
- Betrachten Sie Lampenfieber als eine natürliche Alarmreaktion Ihres Organismus. Interpretieren Sie Ihre Anspannung vor dem Auftritt als eine wertvolle Kraftquelle für einen engagierten Vortrag (= Reframing).
- Sie stärken Ihre Erfolgszuversicht, wenn Sie wissen, wie Sie mit Verlegenheitspausen (siehe Seite 62f.), nachlassender Aufmerksamkeit der Zuhörer (siehe Seite 150ff.) oder mit schwirigen Situationen externer Kommunikation (siehe Kapitel 7 bis 12) umgehen.

Sprechen Sie sich warm

- Sprechen Sie sich die ersten Sätze halblaut vor, um die richtige „Betriebstemperatur" zu haben.
- Ein paar persönliche Worte mit den eintreffenden Zuhörern erfüllen ebenfalls diese Funktion und helfen Ihnen darüber hinaus, einen emotionalen Kontakt zum Publikum herzustellen.

Diese Praxistipps erleichtern es Ihnen, selbstbewusst, sicher und freundlich vor Ihr Auditorium zu treten. Bevor Sie zu sprechen beginnen, ist es ratsam, eine kurze Pause zu machen, um noch einmal tief durchzuatmen und Blickkontakt mit den Zuhörern aufzunehmen. Dann beginnen Sie Ihren Vortrag.

Checkliste 6: Überzeugend vortragen

Allgemein

Beachten Sie alle Faktoren, die Qualität und Wirkungsgrad Ihrer Präsentation beeinflussen. Die gesamte Breite dieser Einflussfaktoren sollte positiv auf den Zuhörerkreis einwirken. Dazu gehören vor allem:
- Ihr Auftreten und Ihr Erscheinungsbild,
- Ihre rhetorische und körpersprachliche Darstellung,
- die Qualität Ihrer visuellen Hilfsmittel,
- Ihr emotionaler Kontakt zum Auditorium und
- Ihr Kommunikationsverhalten bei Einwänden und Kritik.

Bleiben Sie sich treu. Suchen Sie sich aus den Empfehlungen das heraus, was zu Ihrer Persönlichkeit und zu Ihren Zielvorstellungen passt.

Speziell

Sicher und positiv auftreten

- Günstige Position für die Einleitung: der Platz vor dem Referententisch oder vor dem Beamer.
- Beginnen Sie immer mit positiven Formulierungen. Vermeiden Sie eine Entschuldigung in der Anfangsphase.
- Bemühen Sie sich schon in der Einstiegsphase darum, jedem Zuhörer durch Blickkontakt Wertschätzung entgegenzubringen.

Überzeugen durch Optik und Körpersprache

- Sicher und aufrecht stehen.
- Glaubwürdig und engagiert wirken.
- Positive Beziehungsbotschaften senden.
- Blickkontakt anbieten.

Bemühen Sie sich darum, Ihre Gestik nicht zu machen, sondern zuzulassen. Ihre Gestik wirkt am stärksten, wenn sie zum Inhalt Ihrer Aussagen passt und mit Ihrer Argumentation, Mimik und Ihrem Sprechausdruck eine Einheit bildet.

Überzeugen durch wirkungsvolles Sprechen

Die persönliche Art und Weise des Sprechens – ob langsam oder schnell, ob laut oder leise, ob deutlich oder nuschelnd, ob flüssig oder stockend –, sagt immer auch etwas über die eigene Persönlichkeit. Von Cicero stammt das Wort: Wie der Mensch, so seine Rede! Was Sie für eine lebendige Sprechtechnik tun können:

Wechseln Sie die Lautstärke

- Beginnen Sie Ihre Präsentation in der Stimmlage, in der Sie normal sprechen (Indifferenzlage). Sprechen Sie anfangs auch ein wenig langsamer und etwas leiser als normal.
- Wechseln Sie die Lautstärke.
- Betonen Sie die Sinn tragenden Silben und Wörter.

Variieren Sie das Tempo

- Wählen Sie insgesamt ein eher mäßiges Grundtempo.
- Achten Sie auf eine gute Artikulation.
- Erhöhen Sie durch Tempoveränderungen Farbigkeit und Lebendigkeit Ihres Vortrags.
- Erzeugen Sie Spannung durch Tempoverzögerungen: Fesseln Sie durch Tempobeschleunigungen.
- Sprechen Sie umso langsamer, je wichtiger und schwieriger Ihre Inhalte sind.
- Vermeiden Sie Füllsel (= Störlaute wie äh …), indem Sie zwischen den Sätzen den Mund schließen und durch die Nase atmen.

Machen Sie Pausen

- Pausen erleichtern es den Zuhörern, das Neue zu verarbeiten.
- Pausen gliedern, machen aufmerksam, erzeugen Spannung, regen zum Denken an.

- Pausen ermöglichen es Ihnen, sich auf den kommenden Gedanken innerlich vorzubereiten.
- Pausen geben Ihnen Gelegenheit zur Tiefenatmung, zum Auffüllen der Atemreserve: Machen Sie Atempausen nach dem Ausatmen, nicht nach dem Einatmen.
- Machen Sie nach einem wichtigen Argument eine Sprechpause. Das hat folgende Vorteile: Sie betonen das Gesagte, die Aufmerksamkeit im Auditorium steigt, das Gesagte wirkt beim Zuhörer intensiver nach und wird dadurch besser behalten.

Kernbotschaften beim Zuhörer verankern

Für den Erfolg Ihres Vortrags ist es unverzichtbar, verständlich zu formulieren und auf die Reaktionen der Zuhörer zu achten. Sie erleichtern den Zuhörern die Aufnahme der Informationen, wenn Sie
- die Gliederung Ihrer Präsentation zu Anfang vorstellen,
- den Zuhörern immer wieder zeigen, wie sich die einzelnen Teilthemen in das Gesamtkonzept einordnen,
- besonders wichtige Aussagen rhetorisch hervorheben („Dieser Punkt ist besonders wichtig …"; „Von entscheidender Bedeutung ist …"),
- eine zuhörergerechte Sprachebene wählen,
- Fachbegriffe und Abkürzungen auf ein Minimum beschränken. Soweit sie unvermeidbar sind, sollten Sie sie erklären.
- Ihre Ausführungen an vermutetes/bekanntes Wissen und vermutete/bekannte Erfahrungen der Zuhörer anknüpfen,
- die Kernaussagen durch anschauliche Beispiele, Visualisierung und Wiederholung verankern,
- Zusammenfassungen nach längeren Ausführungen und nach wesentlichen Aussagen machen.

Achten Sie auf die Reaktionen Ihrer Zuhörer

- Inwieweit sind Akzeptanz und Interesse beim Zuhörer gegeben?
- Deuten Signale auf Widerspruch und „innere Kündigung" hin?
- Inwieweit sind Verständnisprobleme erkennbar?
- Lässt die Aufmerksamkeit nach?

Checkliste 7: Zwölf weitere Ideen für einen zündenden Einstieg

Ähnlich wie im Schachspiel gibt es bei den Einstiegsszenarien Ihrer Vorträge und Präsentationen eine Fülle von Varianten, um die Aufmerksamkeit Ihrer Zuhörer zu wecken. Sie erhalten hier ergänzend zu den Ideen aus Kapitel 12 weitere Anregungen (vgl. Redenberater 2004). Suchen Sie sich für Ihre Auftritte aus den vorgestellten Alternativen diejenigen heraus, die zu Ihren Szenarios, Ihren Zielgruppen und Ihren persönlichen Vorlieben passen.

1. Kompliment	Diese Eröffnung schafft „Nähe" und sichert dem Redner Sympathie. Je spezifischer das Kompliment, umso wirkungsvoller. Suchen Sie nach einem Thema (Ereignis, Bauwerk, Historie ...), auf das Ihre Zuhörer stolz sind und das gleichzeitig zum Vortragsthema passt. Beispiele wären etwa: • die Eröffnung des neuen Werkes (vor Kunden), • die erneute Weltmeisterschaft von Ferrari in der Formel 1 (vor einer Besuchergruppe aus Italien), • die restaurierte Frauenkirche in Dresden (vor einem Auditorium aus Dresden).
2. Humor	Henry Kissinger benutzte bei einer Rede vor dem Wirtschaftsclub in Detroit diesen launigen Einstieg: „Herr Vorsitzender, meine Damen und Herren, ich bin beauftragt, 25 Minuten zu Ihnen zu sprechen und dann Ihre Fragen entgegenzunehmen. Falls ich den ersten Teil des Auftrags erfülle, können Sie sagen, Sie haben einem historischen Ereignis beigewohnt (Gelächter). Was Punkt zwei angeht, fühlen Sie sich bitte frei, alle Fragen zu notieren, die Sie beschäftigen – ich werde mir dann die Freiheit nehmen, die Fragen zu beantworten, die mich beschäftigen" (Gelächter). *Wichtig:* Testen Sie vorher Ihre humorige Variante im Kollegen- oder Freundeskreis. Verzichten Sie lieber auf diese Eröffnung, wenn deren Wirkung zweifelhaft ist.

3. Anekdote	Bevor Sie im Hauptteil einer Präsentation Fakten, Zahlen und Analysen vorstellen, bietet sich durch eine Anekdote die Chance, ein Erlebnis mit Pointe zu erzählen und dadurch Gefühle zu wecken.
4. Bonmot oder Aphorismus	Aphorismen, Zitate und Bonmots finden Sie zum Beispiel unter: www.zitate.de, www.aphorismen.de, www.dasgrossez.de (weitere Links auf Seite 211f.
	Beispiel: So könnten Sie sich geistreich aus der Affäre ziehen, wenn Sie Fremdsprachenprobleme haben:
	„Mein Verhältnis zur italienischen Sprache ähnelt dem zu meiner Frau. Ich liebe sie, aber ich beherrsche sie nicht."
	„Edison sagte einmal: 98 Prozent meines Erfolgs war Transpiration, 2 Prozent Inspiration. Dies charakterisiert recht gut unsere Projektarbeit im letzten halben Jahr ..."
5. Erzählen Sie aus den Anfängen Ihres Berufslebens	Beispiele: Sie berichten von prägenden Vorgesetzten, von besonderen Schwierigkeiten in der beruflichen Einstiegsphase, von Erfolgserlebnissen, die bis heute nachwirken ...
6. Anschauungsobjekt	Je nach Größe des Auditoriums können Sie ein reales Objekt (Produkt, Chip, Modell ...) mitbringen oder eine Neuentwicklung oder Neuigkeit als Bild (Foto, Video, Gegenstand ...) präsentieren.
7. An den Vorredner anknüpfen	Beispiel: „Professor Schumann hat in seinem Vortrag eine Untersuchung der Fraunhofer-Gesellschaft zitiert, die ich gern aufnehmen möchte ..."
8. Überblick geben	Bei Präsentationen vor Entscheidungsgremien hat es sich bewährt, rasch zum Thema zu kommen. Nennen Sie nach der Begrüßung Ziel und Thema Ihrer Präsentation und stellen Sie dann die Agenda vor (verbal oder im Bild).
9. Personal Story	Erzählen Sie kurz, welchen persönlichen Bezug Sie zum Thema haben, was das Reizvolle, das Interessante, das Herausfordernde für Sie ist.
10. Chronik	Hierbei geben Sie einen kurzen Rückblick auf die Vorgeschichte des Themas oder des Projekts. Beschränken Sie sich hierbei auf wenige Eckpunkte. Kommen Sie rasch zur Gegenwart und zur Zukunft.

11. Zuhörer aktivieren/ Interaktion	Hierbei stellen Sie dem Publikum eine Frage und bitten zum Beispiel um Handzeichen: „Wer von Ihnen würde gern als Tourist an einer Space-Shuttle-Mission teilnehmen? Ich bitte um Handzeichen … Sie können auch die Sitznachbarn kurz miteinander ins Gespräch bringen. Als Input würden Sie eine themenbezogene Frage vorgeben.
12. Provozierender Einstieg	Beispiele: „Stellen Sie sich einmal vor, morgen treten die Vorstandsvorsitzenden der DAX-notierten Unternehmen gemeinsam vor die Presse und verkünden die 50-Stunden-Woche ohne Lohnausgleich. Wie wäre die Reaktion …?" „Die tägliche Nutzung des Handys kann Kehlkopfkrebs verursachen. Diese These vertritt nicht ein drittrangiger Forscher, sondern der renommierte Wissenschaftler …"

Checkliste 8: Merkpunkte zur Analyse der Zuhörer

Erfolg versprechende externe Kommunikation ist zielgruppenorientiert. Daher sollten Sie vor jedem Auftritt Ihre Zielgruppe analysieren und diese Informationen bei Ihrer Überzeugungsarbeit berücksichtigen.

Allgemeine Fragen zur Zuhöreranalyse

- Wie setzt sich der Zuhörerkreis zusammen? (Laienpublikum, Experten, Multiplikatoren, fachliche Spezialisierung, Hierarchie, heterogene Zuhörerschaft ...)
- Welche Erwartungen, Bedürfnisse und Wünsche haben die Zuhörer?
- Was sind wahrscheinlich die Ziele, Interessen und Entscheidungskriterien der Zuhörer?
- An welche Vorkenntnisse und Bildungsvoraussetzungen kann ich anknüpfen?
- Welches Sprachniveau ist angemessen?
- Wie kann ich auf eine Wellenlänge mit dem Zuhörerkreis kommen?
- Welche gemeinsamen Interessen zur Zuhörerschaft kann ich nutzen?
- Welches Vorwissen und welche Einstellung haben die Zuhörer
  – zum Unternehmen (Leitbild, Positionierung, Ziele, Strategie ...)?
  – zur Produktpalette?
  – zum Management und zu den Mitarbeitern?
  – zu dem vorgestellten Sachthema (Lösungsvorschlag, Konzept)?

Wie stehen die Zuhörer zu mir?

- Wie werden mich die Zuhörer einschätzen?
- Inwieweit haben die Zuhörer mir gegenüber (vermutlich) Vorurteile
  – aufgrund meiner Position?
  – aufgrund meiner fachlichen Spezialisierung?
  – aufgrund meiner Persönlichkeit oder
  – bestimmter Kontroversen in der Vergangenheit?

Bei jedem Auftritt sind Sie auch Beziehungsmanager. Sie haben also die Chance, die Beziehung zum Zuhörerkreis aufzubauen, zu entwickeln und zu festigen. Dies gelingt umso besser, je mehr Sie neben seinen speziellen (themenbezogenen) Erwartungen auch seine allgemeinen Erwartungen erfüllen.

Allgemeine Erwartungen der Zuhörer

Die folgenden Erwartungen und Kriterien gelten für alle Anspruchsgruppen. Allgemein möchten Ihre Zuhörer
- Wertschätzung und Anerkennung,
- dass ihre Bedürfnisse, Ängste und Befürchtungen ernst genommen werden,
- dass die gesellschaftliche und soziale Verantwortung des Unternehmens glaubwürdig vermittelt wird,
- sich bei Ihnen in guten Händen fühlen,
- offen, umfassend und kontinuierlich informiert werden,
- erfahren, inwieweit das Thema für die Öffentlichkeit von Bedeutung ist,
- Ihre Ausführungen verstehen,
- die unternehmerische Position zu öffentlichen Streitpunkten kennen lernen,
- tragfähige Informationen, um Fehleinschätzungen über das Unternehmen zu korrigieren und bestehende Informationsdefizite auszugleichen,
- eine glaubwürdige Informationspolitik, die Pro und Contra anspricht und die auch Fehler eingesteht,
- dass Sie hinter Ihrem Unternehmen, Ihren Produkten und Ihrer Strategie stehen.

Darüber hinaus sind spezielle Erwartungen und Kriterien der verschiedenen Anspruchsgruppen zu berücksichtigen.

Journalisten

Wenn die folgenden Faktoren (auch kombiniert) auf ein Thema zutreffen, dann ist die Wahrscheinlichkeit groß, dass es als interessant eingeschätzt wird und Aufmerksamkeit findet:
- Inwieweit weicht das Thema vom „Normalen" ab, beispielsweise Veränderungen der Geschäftsentwicklung wie unangenehme Unternehmensnachrichten und Krisen?

- Hat das betreffende Thema neue, außergewöhnliche oder unerwartete Qualitäten?
- Ist eine hohe Aktualität gegeben wie zum Beispiel ein Live-Bericht von einer Hauptversammlung, Bilanzpressekonferenz, Einweihung neuer Fabrikanlagen u. ä.?
- Lässt sich die Unternehmensbotschaft personalisieren, d.h. inwieweit lassen sich Themen und Unternehmensentwicklungen, Krisen und Erfolgsstorys mit Menschen verbinden?
- Inwieweit bietet das Thema einen Nutzwert für die Öffentlichkeit?
- Inwieweit hat das Thema eine Bedeutung für die Zukunft?
- Inwieweit bieten die Themen Unterhaltsames und Spannendes (Infotainment)?
- Inwieweit haben die Themen ein hohes Maß an Glaubwürdigkeit? Im Idealfall wahrheitsgemäß, vollständig, sachlich und ausgewogen?

Aktionäre und Analysten (vgl. Kirchhoff 2001)

- Sind die Botschaften geeignet, die Aufmerksamkeit potenzieller Investoren zu wecken und von der Attraktivität der Aktien zu überzeugen?
- Werden die Investoren über Veränderungen in und um das Unternehmen offen und vollständig informiert?
- Trägt die Kommunikation dazu bei, Bild und Selbstverständnis des gesamten Unternehmens zu verdeutlichen?
- Inwieweit werden Informationen zum wahren Unternehmenswert vermittelt (durch Kommunikation erzielter Wertsteigerungen kann der Aktienkurs positiv beeinflusst werden)?
- Inwieweit erleben die Aktionäre die Informationspolitik als offen und vertrauensvoll (nur wenn die Anspruchsgruppen der Financial Community Vertrauen zum Management haben, werden sie auch in der Krise zum Unternehmen stehen)?
- Inwieweit werden Informationen vermittelt, um die Positionierung des Unternehmens in der Branche richtig einschätzen zu können?
- Worin liegt der Nutzen für die nationale und internationale Anlegerschaft,
  - in dieses Unternehmen zu investieren?
  - auch in Krisenzeiten zum Unternehmen zu stehen und die Aktien zu halten?

Kunden

- In welcher Ausgangssituation befindet sich der Kunde?
- Wo steht mein Unternehmen bzw. Marke im Vergleich zum Wettbewerb?
- Wo liegen unsere Kernkompetenzen und Alleinstellungsmerkmale?
- Was ist über den Kunden hinsichtlich seiner Entscheidungskriterien bekannt: z.B. Preis/Kosten/Wirtschaftlichkeit, Produkt- und Servicequalität, Termintreue, Flexibilität, dauerhafte Zusammenarbeit?
- Inwieweit bieten wir dem Kunden besondere Anreize in Form von Zusatznutzen, Unterstützungen oder Referenzprojekten?
- Welche Erfahrungen hat der Kunde mit unseren Mitbewerbern?
- Wie sieht der Kunde unsere Mitbewerber?
- Wie sieht der Kunde mein Unternehmen?
- Mit welchen Einwänden und mit welcher Kritik muss ich rechnen?

Nützliche Internetadressen

Thema: Rhetorik, Vortrag und Präsentationen

http://www.uni-tuebingen.de/uni/nas/li.html
www.reden-berater.de
http://www.uni-koeln.de/phil-fak/englisch/minrhet.html
www.stimme.at
www.uni-tübingen.de/uni/nas
www.cartoonguru.com
www.humor.ch
www.dasgrossez.de
www.rhetorik.ch
http://www.rhetorik-netz.de
http://cal.bemidji.msus.edu/english/Resources/RhetFigures.html
http://www.rhetorik-homepage.de/Lehrbuch.html
http://www.debattierclubs.de/
http://focus.msn.de/D/DB/DBX/DBX32/dbx32.htm
www.aphorismen.de

Thema: Auftritte in Funk- und Fernsehen

www.rhetorik.ch
http://www.journalistische-praxis.de
www.wiegandmedia.de
www.brainworker.ch
www.sabine-christiansen.de
www.albertthiele.de

Thema: Pressekonferenzen

www.journalistenlinks.de
www.bundespressekonferenz.de
www.ihk-nordrheinwestfalen.de

Thema: Krisenkommunikation

www.presswatch.de
www.ihk-nordrheinwestfalen.de
www.ciao.de
www.crisisexperts.com
www.krisennavigator.de
www.pr-guide.de
www.risknet.de

Literatur

Amberger-Thiel, S.: Fit vor Kamera und Mikrofon. Frankfurt a. M. 2001.

Amon, I.: Die Macht der Stimme. Wien, Frankfurt 2004.

Behrens, M.: Wie Unternehmer Reden schreiben. Geistreich und treffend formulieren. Frankfurt am Main 2003.

Berckhan, B.: Die etwas intelligentere Art, sich gegen dumme Sprüche zu wehren. München 2001.

Birkenbihl, V.: Rhetorik. Bergisch Gladbach 1997.

Brockhaus – Die Enzyklopädie: Digital Medienpaket. Mannheim 2002.

Bruhn, M.: Integrierte Unternehmens- und Markenkommunikation. Strategische Planung und operative Umsetzung. Stuttgart 2003.

Csikszentmihalyi, M.: Das flow-Erlebnis. Stuttgart 2000.

Dahms, C. und M.: Die Magie der Schlagfertigkeit. Wermelskirchen 1995.

Edmüller, A.; Wilhelm, T.: Argumentieren: sicher, treffend, überzeugend. Planegg 2000.

Engelhardt, D.: Vericon – Ratgeber „Schlagfertigkeit" (www.vericon.de). Frankfurt am Main 2003.

Fey, G.: Reden machen Leute. Berlin, Regensburg 2003.

Fisher, R.; Ury, W.: Das Harvard-Konzept. Sachgerecht verhandeln – erfolgreich verhandeln. Frankfurt a. M. 2000.

Flume, P.: Powerstories! Informieren, mitreißen und überzeugen mit Powerpoint-Präsentationen. Erlangen 2003.

Friedrichs, J.: Das journalistische Interview. Wiesbaden 2001.

Geißner, H.: Rhetorik und politische Bildung. Frankfurt a. M. 1993.

Goetsch, P.; Hurm, G. (Hg.): Die Rhetorik amerikanischer Präsidenten seit F. D. Roosevelt. Tübingen 1993.

Goleman, D.: Emotionale Intelligenz. New York 1996.

Haller, M.: Das Interview. Ein Handbuch für Journalisten. Konstanz 2001.

Herbst, D.: Krisen meistern durch PR: Ein Leitfaden für Kommunikationspraktiker. Kriftel 1999.

Hermann, I.; Krol, R.; Bauer, G.: Das Moderationsbuch. Souverän vor Mikro & Kamera. Tübingen, Basel 2002.

Hierhold, E.: Sicher präsentieren – wirksamer vortragen. Wien 2002.

Kirchhoff, K. R.; Piwinger, M. (Hg.): Die Praxis der Investor Relations: effiziente Kommunikation zwischen Unternehmen und Kapitalmarkt. Neuwied 2001.

Kirf, B.; Rolke, L. (Hg.): Der Stakeholder-Kompass. Navigationsinstrument für die Unternehmenskommunikation. Frankfurt am Main 2002.

Kriebel, W.-H.: Crashkurs Medienauftritt. Überzeugen in Interviews mit Gegenwind. Wien/Frankfurt a. M. 2002.

Kroeber-Riel, W.: Bildkommunikation. Imagerystrategien für die Werbung. München 1993.

Kuhlmann, M.; Wachtel, S.: So machen Sie Ihre Stimme fit, in: Redenberater, hg. Franken, F.; Spillner, B. u. Ueding, G.: 3/98. S. 9-18.

Kutscher, P. P.: Stimmtraining ... und plötzlich hört dir jeder zu. Offenbach 2002.

Lasswell, H. D. L.: The Structure and Function of Communication in Society. In: Lyman Bryson (ed.): The Communication of Ideas, New York: Harper 37-51, 1948.

Lay, R.: Dialektik für Manager. München 1999.

Mast, C.: Unternehmenskommunikation: Ein Leitfaden. Stuttgart 2002.

Meffert, H.: Marketing. Grundlagen marktorientierter Unternehmensführung. Konzepte – Instrumente – Praxisbeispiele. Wiesbaden 2000.

Mehrabian, A.: Nonverbal communication. Chicago, Illinois 1972.

Merten, K.; Zimmermann, R.; Hartwig, H.A.: Das Handbuch der Unternehmenskommunikation. Neuwied 2002.

Möhrle, H. (Hg.): Krisen-PR – Krisen erkennen, meistern und vorbeugen – Ein Handbuch von Profis für Profis. Frankfurt a. M. 2004.

Molcho, S.: Körpersprache im Beruf. München 2001.

Nöllke, M.: Schlagfertigkeit: Das Trainingsbuch. Freiburg i. Breisgau 2002.

O'Connor, J.; Seymour, J.: Neurolinguistisches Programmieren: Gelungene Kommunikation und persönliche Entfaltung. Freiburg 2001.

Pfannenberg, J.: Veränderungskommunikation. Frankfurt am Main 2003.

Reagan, R.: Erinnerungen. Ein amerikanisches Leben. Frankfurt a. M. 1990.

Rehmsen, H.: Merkblatt Medientraining. Düsseldorf 2003.

Reinke, H.; Kommer, I.; Schiecke, D.: Microsoft PowerPoint 2000 – Das Handbuch. Unterschleißheim 1999.

Reusch, F.: Der kleine Hey. Die Kunst des Sprechens. Mainz 2000.

Rizk-Antonious, R.: Qualitätswahrnehmung aus Kundensicht. Wiesbaden 2002.

Ruede-Wissmann, W.: Das hat gesessen. Unschlagbar im Streitgespräch. Wien 2003.

Sarnoff, D.: Auftreten ohne Lampenfieber. Frankfurt – New York 1992.

Saul, S.; Ziesche, S.: Seminarunterlage „Öffentlichkeitsarbeit". Leverkusen 1997.

Saul, S.: Führen durch Kommunikation. Weinheim – Basel 1999.

Schopenhauer, A.: Eristische Dialektik oder die Kunst, Recht zu behalten. Frankfurt a. M. 1995.

Schulman, P.: Applying Learned Optimism to Increase Sates Productivity, Journal of Personal Selling & Sales Management, 19,1, 31-37; 1999.

Schulz v. Thun, F.: Miteinander Reden: Störungen und Klärungen. Reinbek b. Hamburg 1985.

Szameitat, D.: Public Relations in Unternehmen. Ein Praxis-Leitfaden für die Öffentlichkeitsarbeit. Berlin, Heidelberg, New York 2003.

Thiele, A.: Innovativ Präsentieren. Frankfurt a. M. 2002.

Thiele, A.: Argumentieren unter Stress. 2. Aufl. Frankfurt a. M. 2004.

Ueding, G.: Klassische Rhetorik. München 2000.

Verlag für die Deutsche Wirtschaft AG (Hg.): Der neue Redenberater. Bonn 2004.

Von Trotha, T.: Reden professionell vorbereiten. Regensburg, Düsseldorf, Berlin 2002.

Wachtel, S.: Sprechen und Moderieren in Hörfunk und Fernsehen. Mit CD-Rom. Konstanz 2000.

Weidenmann, B.: Gesprächs- und Vortragstechnik. Weinheim, Basel 2002.

Wilhelm, T.; Edmüller, A.: Überzeugen. Die besten Strategien. München 2003.

Will, H.: Vortrag und Präsentation. Weinheim, Basel 1997.

Abbildungsverzeichnis

Abbildung 1: Der Stakeholder-Kompass der Unternehmenskommunikation
Abbildung 2: Wirkfaktoren der Persönlichkeit
Abbildung 3: Die Voraussetzung für positive Ausstrahlung
Abbildung 4: Hierarchie von Kommunikationsbotschaften
Abbildung 5: Sicherheits- und Unsicherheitssignale
Abbildung 6: Elemente einer lebendigen Sprechtechnik
Abbildung 7: Stress-Kurve beim Argumentieren
Abbildung 8: Phasenkonzept zur Einwandbehandlung
Abbildung 9: Stärken-Schwächen-Bilanz
Abbildung 10: Sachthema, Ziel und Fairplay als Haltepunkte
Abbildung 11: Informationen begrenzen
Abbildung 12: Verlauf der Aufmerksamkeit in einem Interview mit Fachausdruck oder Fremdwort (Quelle: Friedrichs 2001)
Abbildung 13: Struktur eines Statement
Abbildung 14: Mit Fragen gekonnt umgehen: „Blocken, Überbrücken, Kreuzen"
Abbildung 15: Interventionen mit unterschiedlichem Risiko
Abbildung 16: Mögliche Analogiefelder
Abbildung 17: Aktionsraum beim Präsentieren
Abbildung 18: Stichwortkonzept mit Fließtext
Abbildung 19: Johari-Fenster

Stichwortverzeichnis

Analogiefelder 154f.
Argumentations-Aikido 72, 75, 80, 82
Beziehungsbotschaften 41, 47, 201
Brückensätze 68, 73, 75ff., 79, 107ff., 113
Bublath, Joachim 47
Bush, George 25, 30ff., 119
Bush, George W. 94

Checklisten 177ff.
Christiansen, Sabine 49, 53, 94, 116
Clinton, Bill 24f., 30ff., 47, 51, 95, 119

Dehnungslaute 48, 53, 55, 62, 187
Dialektik 15, 53, 64ff., 68, 74, 122f., 146, 172f.

Einfühlungsvermögen 26, 31f., 69, 140
Einwandtechniken 66, 68f., 174
Eristik 72, 123
Ethos 87f., 101, 137

Frieddialektik 64f., 74

Genscher, Hans-Dietrich 68, 105, 130
Gestaltungskriterien, Charts 158, 164
Glaubwürdigkeit 17f., 26f., 46, 63, 69, 71, 79f., 86, 95, 110, 118, 122, 129f., 136, 139f., 144, 160, 191, 209

Herrhausen, Alfred 24, 27

Johari-Fenster 169f.

Kampfdialektik 64f.
Kernbotschaften 15, 17, 28, 33ff., 60, 62, 68, 84f., 95ff., 103f., 107, 114, 118, 123, 130, 132, 134, 144, 154, 160f., 192ff., 200, 203
Kienzle, Ulrich 95
Körpersprache 45ff., 115, 118, 201
Kopfkino 34, 96, 151, 153, 190
Krise 137
Krisenkommunikation 137ff.

Lampenfieber 29, 57ff., 199ff.,

Moderator 116, 124, 197f.
Molcho, Samy 46

Personalisierung von Botschaften 24ff.
Perot, Ross 31f., 119
Pressekonferenzen 130ff.
Plasberg, Frank 116, 126

217

Präsentation	147ff.	Yogeshwar, Ranga	47
PR-Funktionen	18		
		Zielgruppen	18ff., 84ff., 207ff.
Reagan, Ronald	24f., 30, 60, 121, 149f.	Zuhöreranalyse	84ff., 207ff.
Rehmsen, Helmut	105		
Rhetorik	40ff.		

Schlagfertigkeitstechniken 80ff.
Schmidt, Helmut 8, 10, 51, 54, 95
Schrempp, Jürgen 25, 94
Schröder, Gerhard 24f., 47, 49, 96, 105
Stakeholder-Kompass 18ff.
Statement 94ff.
Stegreif-Vortrag 166ff.
Stoiber, Edmund 49
Strauß, Franz-Josef 96
Stress-Interview 103ff.

Taktiken, unfaire 71ff.
Talkshow 116ff., 194ff.
Themenliste 180f.
Transferhilfen 169ff.

Unique Selling Proposition 35, 88

Visualisierung 163ff.
Vorbereitung 83ff.
Vortrag 40ff., 147ff.

Weichmacher 42f.
Wissensmodule 101f.

Der Autor

Dr. Albert Thiele ist Trainer und Coach für Führungskräfte aller Ebenen und Funktionsbereiche. Er gilt als einer der besten Präsentations- und Dialektiktrainer Deutschlands. Dr. Thiele leitet die Unternehmensberatung Advanced Training in Düsseldorf. Advanced Training gehört seit 20 Jahren zu den führenden Anbietern in den Bereichen: Präsentationstechniken, Rhetorik und Dialektik, Gesprächsführung sowie Hörfunk- und Fernsehtraining. Mehr als 30.000 Teilnehmer konnten sich von den hohen Qualitätsstandards der Seminare überzeugen.

Im Bereich der Fernseh- und Hörfunktrainings arbeitet Dr. Thiele mit erfahrenen Medienprofis und Journalisten zusammen, zum Beispiel Ulrich Kienzle, Helmut Rehmsen und Wolf Achim Wiegand.

Zu den Kunden gehören erste Adressen wie Bundesverband der Deutschen Industrie (BDI), VDI-Wissensforum IWB, Akademie Deutscher Genossenschaften (ADG), Wissenschaftliche Hochschule für Unternehmensführung (WHU), Deutsche Bahn, RWE Energy und RWE Systems, Bayer, DaimlerChrysler, RWTH Aachen, StoraEnso, Deutsche Post, Haus der Technik, Deutsche Telekom.

Dr. Albert Thiele führt seit Jahren erfolgreich Seminare für Fach- und Führungskräfte am F.A.Z.-Institut durch (Programme unter www.seminare-faz-institut.de).

E-Mail: Dr.Thiele@t-online.de
Internet: http://www.albertthiele.de

Leseproben, Infos zu den Autoren ...

Wirtschaft/Karriere

William H. Cox
MBA für Executives
Die besten berufsbegleitenden
Schulen in Europa
Mit Ranking und Adressteil
2004. 256 Seiten. Hardcover
mit Schutzumschlag. 34,00 € (D)*
ISBN 3-89981-035-X

Jürgen Samland
45 plus
Die zweite Karriere – Wege aus der
Altersfalle
2004. 200 Seiten. Hardcover
mit Schutzumschlag. 24,90 € (D)*
ISBN 3-89981-014-7

Albert Thiele
Argumentieren unter Stress
Wie man unfaire Angriffe erfolgreich abwehrt
2004. 280 Seiten. Hardcover. 24,90 € (D)*
ISBN 3-89981-017-1

Barbara Hess
Sabbaticals
Auszeit vom Job – wie Sie erfolgreich
gehen und motiviert zurückkommen
2002. 200 Seiten. Hardcover. 24,90 € (D)*
ISBN 3-89843-094-4

* zzgl. ca. 3,- € Versandkosten bei Einzelversand im Inland

www.fazbuch.de

Wirtschaft/ Management

Christian Duve, Horst Eidenmüller, Andreas Hacke
Mediation in der Wirtschaft
Wege zum professionellen Konfliktmanagement
2003. 392 Seiten. Hardcover mit Schutzumschlag. 36,00 € (D)*
ISBN 3-933180-79-1

Rupert Felder
Human Resources im M&A-Prozeß
Spielregeln und Strategien für Personaler
2004. 200 Seiten. Hardcover mit Schutzumschlag. 34,90 € (D)*
ISBN 3-89981-015-5

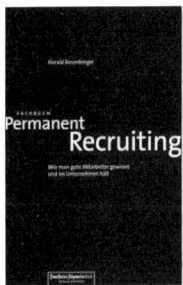

Harald Rosenberger
Permanent Recruiting
Wie man gute Mitarbeiter gewinnt und im Unternehmen hält
2004. 240 Seiten. Hardcover mit Schutzumschlag. 44,00 € (D)*
ISBN 3-89981-027-9

Hermann Simon Hg.
Strategie im Wettbewerb
50 handfeste Aussagen zur wirksamen Unternehmensführung
2003. 296 Seiten. Hardcover mit Schutzumschlag. 44,00 € (D)*
ISBN 3-89981-001-5

* zzgl. ca. 3,- € Versandkosten bei Einzelversand im Inland

Leseproben, Infos zu den Autoren ...

Unternehmer-Praxis

Herausgegeben von der KfW
(ehem. Deutsche Ausgleichsbank)
Marketing –
So funktioniert's
Für Gründer und junge Unternehmer – mit Praxisbeispielen, Tipps und Checklisten

2003. 144 Seiten. Paperback. 20,90 € (D)*
ISBN 3-89843-081-2

Michael Behrens
Wie Unternehmer Reden schreiben
Geistreich und treffend formulieren

2004. 192 Seiten. Hardcover. 24,90 € (D)*
ISBN 3-934191-74-6

Hermann Simon Hg.
Strategie im Wettbewerb
50 handfeste Aussagen zur wirksamen Unternehmensführung

2003. 296 Seiten. Hardcover mit Schutzumschlag. 44,00 € (D)*
ISBN 3-89981-001-5

Hartwin Möhrle
Krisen-PR
Krisen erkennen, meistern und vorbeugen - Ein Handbuch von Profis für Profis

*2004. 200 Seiten. Paperback
29,90 € (D)**
ISBN 3-93419183-5

* zzgl. ca. 3,- € Versandkosten bei Einzelversand im Inland

www.fazbuch.de

Unternehmenskommunikation

Viola Falkenberg
Pressemitteilungen schreiben
Zielführend mit der Presse kommunizieren. Mit Checklisten und Übungen zur Kontrolle.
2004. 3., akt. Aufl. 232 Seiten. Paperback. 20,90 € (D)*
ISBN 3-927282-98-7

Hans-Peter Förster
Texten wie ein Profi
Ob 5-Minuten-Text oder überzeugende Kommunikationsstrategie – ein Buch für Einsteiger und Könner. Mit über 5000 Wort-Ideen zum Nachschlagen!
2004. 6. Aufl. 280 Seiten. Paperback. 25,90 € (D)*
ISBN 3-927282-90-1

Albert Thiele
Innovativ Präsentieren
Zielführende Konzepte entwickeln. Multimedia sinnvoll einsetzen. Mit „Streß-Fahrplan" und CD-ROM.
2000. 344 Seiten. Paperback. CD-ROM. 43,90 € (D)*
ISBN 3-927282-96-0

Viola Falkenberg
Interviews meistern
Ein Ratgeber für Führungskräfte, Öffentlichkeitsarbeiter und Medien-Laien.
1999. 260 Seiten. Paperback. 20,90 € (D)*
ISBN 3-927282-80-4

* zzgl. ca. 3,- € Versandkosten bei Einzelversand im Inland

Leseproben, Infos zu den Autoren ...

Tagtäglich werden die Brennpunkte aus Wirtschaft, Politik und Gesellschaft in der Frankfurter Allgemeinen Zeitung diskutiert. Frankfurter Allgemeine Buch greift die interessantesten und wichtigsten dieser Themen auf und vertieft diese in verschiedenen Verlagsreihen.

Als Wirtschaftsbuch-Verlag verstehen wir uns als Vermittler von Wissen für Fach- und Führungskräfte auf den Gebieten Wirtschaft, Kommunikation, Marketing. Wir unterstützen unsere Leser in der Professionalisierung ihrer fachspezifischen Instrumente (professional skills) und in der Weiterentwicklung ihrer ganz persönlichen Fähigkeiten (personal skills).

Kluge Köpfe wissen mehr!

www.fazbuch.de

Der Book-Shop mit vielen Büchern,
Leseproben und Autoreninformationen.

24 Stunden für Sie geöffnet!